U0831100

电网企业员工安全技能实训教材

通用安全基础

国网泰州供电公司　组编

中国电力出版社
CHINA ELECTRIC POWER PRESS

内 容 提 要

《电网企业员工安全技能实训教材》丛书是按照国家电网有限公司生产技能人员标准化培训课程体系的要求，结合安全生产实际编写而成。本丛书共包括《通用安全基础》《变电运维》《变电检修》《输电运检》《配电运检》《不停电作业》《电力调度与自动化》《信息通信》《营销计量》《农电》10 个分册。

本书为《电网企业员工安全技能实训教材　通用安全基础》分册，全书共 6 章，主要内容包括安全基础知识、公共安全知识、通用安全技能、应急技能、生产作业安全管控标准化、安全工器具检查与使用要求等。

本书可作为电网企业从事电力生产作业人员和管理人员的安全技能指导书、培训教材及学习资料，也可作为高等院校、职业技术学校电力相关专业师生的自学用书与阅读参考书。

图书在版编目（CIP）数据

通用安全基础/国网泰州供电公司组编．—北京：中国电力出版社，2022.11
电网企业员工安全技能实训教材
ISBN 978-7-5198-7007-2

Ⅰ．①通…　Ⅱ．①国…　Ⅲ．①电力工业－安全生产－技术培训－教材　Ⅳ．①TM08

中国版本图书馆 CIP 数据核字（2022）第 153019 号

出版发行：中国电力出版社
地　　址：北京市东城区北京站西街 19 号（邮政编码 100005）
网　　址：http://www.cepp.sgcc.com.cn
责任编辑：刘子婷（010-63412785）
责任校对：黄　蓓　李　楠
装帧设计：张俊霞
责任印制：石　雷

印　　刷：三河市万龙印装有限公司
版　　次：2022 年 11 月第一版
印　　次：2022 年 11 月北京第一次印刷
开　　本：710 毫米×1000 毫米　16 开本
印　　张：13.75
字　　数：201 千字
印　　数：0001—1500 册
定　　价：68.00 元

编写委员会

主　编　卜荣　徐国栋

副主编　曹静　孙志　陆纯　刘东亮

参　编　杨溢　毕建勋　严阳　周海忠　毛晔
姜程程　郭通　沈天峰　张海　马越

序

无危则安，无损则全，安全生产事关人民福祉，事关经济社会发展大局，是广大人民群众最朴素的愿望，也是企业生产正常进行的最基本条件。电网企业守护万家灯火，保障安全是企业履行政治责任、经济责任和社会责任的根本要求。安全生产，以人为本，“人”是安全生产最关键的因素，也是最大的变量。作业人员安全意识淡薄、安全技能不足等问题，是导致各类安全事故发生的一个重要原因。百年大计，教育为本，提升作业人员安全素养，是保障电网安全发展的长久之策，一套面向基层一线的安全技能实训教材显得尤为迫切和重要。

当前，国家和政府安全监管日趋严格，安全生产法制化对电网企业安全管理提出了更高的要求。近年来，新能源大规模应用为主体的新型电力系统加快建设，电网形态不断发生着深刻的变化，也给电网企业安全管理带来了新的课题。为更好地支撑和指导电网企业员工和利益相关方安全教育培训工作，促进作业人员快速全面掌握核心安全技能理论知识，国网泰州供电公司组织修编了这套《电网企业员工安全技能实训教材》系列丛书。应老友邀请，我仔细品读，深感丛书理论性、创造性与实用性并具，是不可多得的安全培训工具书。

本丛书系统性强，专业特色鲜明，共包括《通用安全基础》通用教材及《变电运维》《变电检修》《输电运检》《配电运检》《不停电作业》《电力调度与自动化》《信息通信》《营销计量》《农电》9 本专业教材。《通用安全基础》涵盖安全理论、公共安全、应急技能等内容，9 本专业教材根据专业特点量身打造，囊括了安全组织措施和技术措施、两票的填写和使用、专业施工机具及安全工器具、现场安全标准化作业等内容。通用教材是专业教材的基础，专业教材是通用教材的延伸，两类教材互为补充，成为一个有机的整体，给电网企业员工提供了更系统的概念和更丰富的选择。

本丛书实用性强，内容生动翔实，国网泰州供电公司组建的编写团队，由注册安全工程师、安全管理专家、专业技术骨干、作业层精英等人员组成，具备本专业长期现场工作经历。他们从自身工作角度出发，紧密贴合现场管理实际，精准把握一线员工安全培训需求，全面总结了安全管理的概念和要点、标准和流程，提出了满足现场需要的安全管理方法和手段，针对高处作业、动火作业、有限空间作业等典型场景，专题强化安全注意事项，并选用大量的典型违章和事故案例进行分析说明，内容全面丰富、重点突出，使本套教材更易被一线员工接受，使安全培训取得应有的成效。

本丛书指导性强，理论结构严谨，编写团队对标先进、学习经验，经过广泛的调研和深入的讨论，针对电力行业特点，创新构建了包含安全理论、公共安全、通用安全、专业安全、应急技能的“五维安全能力”模型，提出了员工岗位安全培训需求矩阵，描绘了不同岗位员工系统性业务技能和安全培训需求。本丛书还参照院校学分制绘制了安全技能知识图谱，结构化设置知识点，为其在各类安全技能培训班中有效应用提供了指导。

本丛书在编写过程中坚持试点先行，《通用安全基础》和《配电运检》两本教材于 2020 年底先期成稿，试用于国网泰州供电公司 2021 年配电专业安全轮训班，累计培训 3000 余人次，取得了良好的成效，得到了参培人员的一致好评。在此基础上，编写组历时两年编制完成了其余 8 本专业教材。

本丛书的出版，是电网企业在自主安全教育培训方面的一次全新的探索和尝试，具有重要的意义。“知安全才能重安全，懂安全才能保安全”，相信本丛书必将对电网企业安全技能培训工作的开展和员工安全素养的提升做出长远的贡献，也可以作为高校教师及学生了解电力检修施工现场安全管理的参考资料。

与书本为友，享安全同行。

东南大学电气工程学院院长、教授

2022 年 7 月

前 言

安全生产是企业的生命线，安全教育培训是电网企业安全发展的重要保障。随着电网技术快速发展、新业务新业态不断革新、作业管理方式持续转变，传统的电力安全培训教材系统性、针对性不强，内容亟须更新。为总结电网企业在安全生产方面取得的新成果，进一步提高电网企业生产技能人员的安全技术水平和安全素养，为电网企业安全生产提供坚强保障，国网泰州供电公司按照国家电网有限公司生产技能人员标准化培训课程体系的要求，结合安全生产实际，组织编写了《电网企业员工安全技能实训教材》丛书，包括《通用安全基础》《变电运维》《变电检修》《输电运检》《配电运检》《不停电作业》《电力调度与自动化》《信息通信》《营销计量》《农电》10 个分册。

本丛书以国家有关的法律、法规和电力部门的规程、规范为基础，着重阐述了电力安全生产的基本理论、基本知识和基本技能，从公共安全、通用安全、专业安全、应急技能等方面，全面、系统地构建电力安全技能培训体系。本丛书精准把握现场一线员工安全培训需求，结构化设置知识点，可作为电网企业生产作业人员和管理人员的安全技能培训教材。

本书为《电网企业员工安全技能实训教材　通用安全基础》分册，全书共 6 章：

第 1 章为安全基础知识。重点阐述安全生产的重要性和掌握安全基础知识的必要性，主要介绍安全生产管理的相关概念、管理内容以及安全理论，专项介绍反违章管理办法、外包安全管理以及电力职业健康等内容。

第 2 章为公共安全知识。基本知识部分介绍作业现场和作业人员的基本条件，电气安全部分介绍电流对人体伤害及防触电、防雷、防静电安全技术，信息安全部分介绍网络与信息系统、办公计算机信息安全管理，交通安全部分开展道路交通事故因素分析，危险化学品部分介绍危险化学品定义、分类及安全管理，电力设施保护部分言明电力设施保护区的定义以及电力设施保护要求和典型案例。

第 3 章为通用安全技能。围绕基本概念、安全要求、典型案例等角度，讲述高处作业、动火作业、有限空间作业、起重与搬运、临时用电等作业类型安全注意事项，介绍安全设施和消防安全的基本常识及使用方法，机械装备及设施使用及管理要求。

第 4 章为应急技能。包括应急管理和突发事件概述以及电网企业应急预案体系及设置原则，重点介绍触电急救、创伤急救及溺水、中暑、中毒等急救措施。

第 5 章为生产作业安全管控标准化。按照作业流程，分别对作业计划、作业准备、作业实施、监督考核等环节阐述安全管理要求及注意事项。

第 6 章为安全工器具检查与使用要求。介绍了安全工器具的检查要求和使用要求。

本丛书由国网泰州供电公司组织编写，卜荣、徐国栋担任主编，统筹负责整套丛书的策划组织、方案制定、编写指导和审核定稿。公司各专业部门和单位具体承担编写任务，本书的统筹策划由副主编曹静、孙志、陆纯、刘东亮负责，本书前言部分及第 1、2 章由杨溢、毕建勋、严阳共同编写，第 3~6 章由周海忠、毛晔、姜程程、郭通、沈天峰、张海共同编写，毕建勋、马越负责审核统稿。本书编写过程中，有关专家、学者通过线上、线下等方式提出了宝贵修改建议与意见，在此表示由衷感谢。

由于编写人员水平有限，书中难免存在不妥或疏漏之处，恳请广大读者批评指正。

编　者

2022 年 7 月

目 录

第1章　安全基础知识

本章概要

了解安全生产的重要性，掌握安全生产管理理论、电力安全管理与职业健康等安全基础知识是保障安全生产的第一步。规范、详细的安全基础知识和对安全生产中存在问题的分析，有助于提高安全生产工作人员的个人安全意识和对安全生产的重视程度，从而提升企业安全水平。

1.1　概述

1.1.1　安全生产的重要性

电力安全生产的重要性是由电力生产、建设的客观规律和生产特性及社会作用决定的。电力安全生产不仅关系到电力系统自身的稳定、效益和发展，而且直接影响广大电力用户的利益和安全，影响国民经济的健康发展、社会秩序的稳定和人民的日常生产生活。国民经济的迅速发展、社会的不断进步和人民生活水平的日益提高，不仅对电力行业提出了相应的发展要求，而且对电力安全生产也提出了更高的要求。

1.1.1.1　从电力生产的特点看安全生产的重要性

众所周知，电力网络由许多发电厂、输电线路、变配电设施和用电设备组成，各部分互相牵连、互相制约，构成一个十分庞大而又复杂的电力生产、流通、分配、消费过程。在这个过程中，发、供、用电同时进行，电力的生产、输送、使用同时完成并随时处于平衡状态。电力生产的这些内在特点要求电网运行必须十分稳定、可靠，任何一个环节发生事故，如不能及时排除，都可能带来连锁反应，导致主设备严重损坏或大面积停电，甚至可能造成全网崩溃的灾难性事故。目前，我国电力工业已经步入了以“大机组、大电厂、大电网、高参数、高电压、高度自动化”为主要特点的新阶段，这给电力安全生产提出了更高、更新的要求。

1.1.1.2 从电力生产的劳动环境看安全生产的重要性

电力生产的劳动环境具有几个明显的特点：①电气设备多；②高温、高压设备多；③易燃易爆物品多；④高速旋转机械多；⑤特种作业多。这些特点表明，电力生产的劳动条件和环境相当复杂，潜伏着许多不安定因素，极具潜在的危险性，对职工的人身安全构成威胁。因此，安全工作稍有疏忽，潜伏的不安全因素随时会转变为不安全的事实，潜在的危险性随时会转变为现实的人身伤害事故。这就要求我们必须从保障电力职工人身安全和身体健康、保护电力职工切身利益的高度，进一步认识电力安全生产的重要性。

1.1.2 掌握安全基础知识的必要性

电力生产作业人员存在以下几个问题。

（1）安全素养欠缺。在进行电力安全管理的过程中，电力生产作业人员缺乏安全意识，对安全生产与企业经济发展、业绩、效率、稳定的关系认识欠缺，自我保护能力较差，导致责任事故时常发生。在施工、设备检修及维护时，缺少生产现场的安全组织工作及相关安全技术措施，安全装备错误使用、违反操作规程，种种现象均会造成生产人员的伤亡事故、电力电网设备的损坏事故等。

（2）习惯性违章频发。习惯性违章指的是在电力安全生产过程中，经常发生的或者是习以为常的违章行为，一般包括违章操作、指挥以及违反劳动纪律的行为。典型违章行为见附录 A。习惯性违章多发生在一些临时性工作中，尤其是在配电检修工作中，经常出现无票作业的现象。例如配电检修人员，在没有填写工作票的情况下就进行检修工作，或者是需要停电进行的作业，在没有断电和验电的情况下就进行作业，容易引发触电事故。在电力检修工作中，有相当一部分事故的发生，是由于检修人员习惯性违章造成的，违章作业为检修人员自身以及其家庭都会带来安全威胁。

（3）安全工器具管理不当。在一些单位中，存在安全生产器具和作业人员使用的安全保护器具管理不到位的现象，而一些配电网外包队伍所采用的安全保护器具甚至存在质量不合格、不定期进行试验等问题，造成一些过期、损坏的器具与合格的器具混合使用，为电力安全生产和在生产过程中人身安全的保护埋下隐患。安全工器具试验项目、周期和要求见附录B。

安全生产管理工作中存在的问题深刻地反映出，增强企业安全生产意识，加强一线作业人员安全技能培训，掌握安全基础知识十分必要。

1.2 安全生产管理理论

1.2.1 安全生产管理相关概念

1.2.1.1 安全

按照系统安全工程观点，安全是指生产系统中人员免遭不可承受危险的伤害。在生产过程中，不发生人员伤亡、职业病或设备、设施损害或环境危害的条件，是指安全条件；不因人、机、环境的相互作用而导致系统失效、人员伤害或其他损失，是指安全状况。

人们从事的某项活动或某系统，即某一客观事物，是否安全，是人们对这一事物的主观评价。当人们均衡利害关系，认为该事物的危险程度可以接受时，则这种事物的状态是安全的，否则就是危险的。

1.2.1.2 安全生产

《辞海》将安全生产解释成为预防生产过程中发生人身、设备事故，形成良好劳动环境和工作秩序而采取的一系列措施和活动。《中国大百科全书》则将安全生产解释成保护劳动者在生产过程中安全的一项方针，也是企业管理必须遵循的一项原则，要求最大限度地减少劳动者的工伤和职业病，保障劳动者在生产过程中的生命安全和身体健康。前者将安全生产解释成企业生产的一系列措施和活动。后者则解释成企业生产的一项方针、原则或要求。

根据现代系统安全工程的观点，上述解释各代表了一个方面，但都不够全面。概括地说，安全生产是为了使生产过程在符合规定的物质条件和工作秩序下进行，防止发生人身伤亡和财产损失等生产事故，消除或控制危险、有害因素，保障人身安全与健康、设备和设施免受损坏、环境免遭破坏的总称。

1.2.1.3 安全生产管理

安全生产管理是针对人们生产过程中的安全问题，运用有效的资源，发挥人们的智慧，通过人们的努力，进行有关决策、计划、组织和控制等活动，实现生产过程中人与机器设备、物料、环境的和谐，达到安全生产的目标。

安全生产管理的目标是减少和控制危害，减少和控制事故，尽量避免生产过程中由于事故所造成的人身伤害、财产损失、环境污染以及其他损失。安全生产管理包括安全生产法制管理、行政管理、监督检查、工艺技术管理、设备设施管理、作业环境和条件管理等。

安全生产管理的基本对象是企业的员工，涉及企业中的所有人员、设备设施、物料、环境、财务、信息等各个方面。

安全生产管理的内容包括安全生产管理机构和安全生产管理人员，安全生产责任制、安全生产管理规章制度、安全生产策划、安全培训教育、安全生产档案等。

1.2.1.4 事故

在生产过程中，事故是造成人员伤亡、伤害、职业病、财产损失或其他损失的意外事件。从这个解释可以看出，事故是意外事件，是人们不希望发生的，同时该事件产生了违背人们意愿的后果。如果事件的后果是人员死亡、受伤或身体的损害就称为人员伤亡事故，如果没有造成人员伤亡就是非人员伤亡事故。

事故的分类方法有很多种，我国在工伤事故统计中，按照事故发生的原因，将工伤事故分为20类，分别为物体打击、车辆伤害、机械伤害、起重伤害、触电、淹溺、灼烫、火灾、高处坠落、坍塌、冒顶片帮、透水、放炮（指爆破作业中发生的伤亡事故）、火药爆炸（指火药、炸药及其制品在生产、加工、运输、贮存中发生的爆炸事故）、瓦斯爆炸、锅炉爆炸、容器爆炸、其他爆炸、中毒、窒息及其他伤害。

1.2.1.5 风险

风险指某一特定危险情况发生的可能性和后果的组合，是对某种可预见的危险情况发生的可能性和后果严重程度这两项指标的综合描述。可能性是指危险情况发生的难易程度；严重性是指危险情况一旦发生后，将造成人员伤害和经济损失的大小和程度。两项指标中任意一个值过高或过低都会使风险产生巨大变化，如果其中一项指标不存在，或为零，则这种风险不存在。

1.2.1.6 危险源

从安全生产角度，危险源是指可能造成人员伤害、疾病、财产损失、作业环境破坏或其他损失的根源或状态。

“可能”意味着“潜在”，是指危险源是一种客观存在的、具有导致伤害或疾病等情况的潜在能力。“根源或状态”意味着危险源的存在形式或者可能导致伤害等的主体对象，或者是可能诱发主体对象导致伤害或疾病等的状态。例如液化石油气储罐中的液化石油气是可能导致火灾、爆炸事故的根源，而储罐破裂、泄漏是可能导致火灾爆炸事故的状态。

1.2.1.7 事故隐患

事故隐患泛指生产系统中可导致事故发生的人的不安全行为、物的不安全状态和管理上的缺陷。在生产过程中，凭着对事故发生与预防规律的认识，为了预防事故的发生，可制定生产过程中物的状态、人的行为和环境条件的标准、规章、规定、规程等，如果生产过程中物的状态、人的行为和环境条件不能满足这些标准、规章、规定、规程等，就可能发生事故。

安全生产事故隐患（简称事故隐患）是指生产经营单位违反安全生产法律、法规、规章、标准、规程和安全生产管理制度的规定，或者因其他因素在生产经营活动中存在可能导致事故发生的物的危险状态、人的不安全行为和管理上的缺陷。

1.2.2 安全生产管理原理和原则

任何一种活动都有一种理论在指导，安全生产管理活动也不例外。安全生产管理作为管理的主要组成部分，遵循管理的普遍规律，既服从管理的基本原理与原则，又有其特殊的原理与原则。

原理是对客观事物实质内容及其基本运动规律的表述。安全生产管理原理是从生产管理的共性出发，对生产管理工作的实质内容进行科学分析、综合、抽象与概括所得出的生产管理规律。

原则是根据对客观事物基本规律的认识引发出来的，需要人们共同遵循的行为规范和准则。安全生产原则是指在生产管理原理的基础上，指导安全生产活动的通用规则。

原理与原则之间存在内在的、逻辑对应的关系，且两者的本质与内涵是一致的。一般来说，原理更基本，更具普遍意义；原则更具体，对行动更有指导性。

1.2.2.1 系统原理——抓安全要综合考虑

1．系统原理的含义

系统原理是现代管理学的一个基本原理。它是指人们在从事管理工作时，运用系统理论、观点和方法，对管理活动进行分析，以达到管理的优化目标，即用系统论的理论、观点和方法来认识和处理管理中出现的问题。

所谓系统是由若干相互作用又相互依赖的部分组成的、具有特定功能的、并处于一定环境中的有机整体。任何管理对象都可以作为一个系统。系统可以分为若干个子系统，子系统可以分为若干个要素，即系统是由要素组成的。按照系统的观点，管理系统具有 6 个特征，即集合性、相关性、目的性、整体性、层次性和适应性。

安全生产管理系统是生产管理的一个子系统，包括各级安全管理人员、安全防护设备与设施、安全管理规章制度、安全生产操作规范和规程以及安全生产管理信息等。安全贯穿于生产活动的方方面面，安全生产管理是全方位、全天候和涉及全体人员的管理。

2．运用系统原理的原则

（1）动态相关性原则。动态相关性原则告诉我们，构成管理系统的各要素是运动和发展的，它们相互联系且相互制约。显然，如果管理系统的各要素都处于静止状态，就不会发生事故。

（2）整分合原则。高效的现代安全生产管理必须在整体规划下明确分工，在分工基础上有效综合，这就是整分合原则。运用该原则，首先要求企业的行政一把手在进行企业的宏观决策时必须把安全纳入，在考虑资金、人员和体系时，都必须将安全生产作为一项重要内容加以考虑；其次，安全管理必须做到分工明确，建立健全的组织体系和责任制；再则，要强化专职安全部门的职责，提高其权威性，保证强有力的调控性，实现有效的综合。

（3）控制原则。控制指施控主体对施控对象施加的一种能动影响或作用，以保持或改变对象的某种状态，使其达到施控主体预期目标的活动。简而言之，系统或系统要素之间有目的的影响或干扰就是控制。企业为了实现自己的目标而在企业内部实施的各项管理就是控制，如安全目标管理。

（4）反馈原则。反馈是控制过程中对控制机构的反作用。成功、高效的管理，离不开灵活、准确、快速的反馈。企业生产的内部条件和外部环境在不断变化，所以必须及时捕获、反馈各种安全生产信息，以便及时采取行动。

（5）封闭原则。在任何一个管理系统内部，管理手段、管理过程等必须构成一个连续封闭的回路，才能形成有效的管理活动，这就是封闭原则。封闭原则告诉我们，在企业安全生产中，各管理机构之间、各种管理制度和方法之间，必须具有紧密的联系，形成相互制约的回路，才能有效。

1.2.2.2 人本原理——抓安全要抓根本

1．人本原理的含义

在管理中必须把人的因素放在首位，体现以人为本的指导思想，这就是人本原理。以人为本有两层含义：①一切管理活动都是以人为本展开的，人既是管理的主体，也是管理的客体，每个人都处在一定的管理层面上，离开人就无所谓管理；②管理活动中，管理对象的要素和管理系统的各环节都需要人掌管、运作、推动和实施，如管理过程中的计划、组织、指挥、协调、控制等环节需要靠人去实现，管理的手段需要靠人去建立。一切管理活动的核心是人，要实现有效的管理，必须充分调动人的积极性、主动性。所以，抓安全，抓其根本，首先要抓“人”。

2．运用人本原理的原则

（1）动力原则。推动管理活动的基本力量是人，管理必须有能够激发人的工作能力的动力，这就是动力原则。对于管理系统，有3种基本动力，即物质动力、精神动力和信息动力。物质动力不仅是物质鼓励，还包括社会效益。因为企业生产的经济效益同员工的物质利益相联系，故应把经济效益转化为物质动力。精神动力非常重要，人的精神需要是最高层次的需要，精神上的追求能产生最强大的动力，所以要采用恰当的方法和思想工作，来激励人的精神追求。信息动力是一种客观存在，不论国家、企业或个人，掌握了感兴趣的信息，从比较中了解差距，常会发奋图强，急起直追，激发人去进取。3种动力相辅相成，要综合使用，且刺激量要适当，只有运用得当，才会产生良好的效果。

（2）能级原则。现代管理认为，单位和个人都具有一定的能量，并且可按照能量的大小顺序排列，形成管理的能级，就像原子中电子的能级一样。在管理系统中，建立一套合理能级，根据单位和个人能量的大小安排其工作，发挥不同能级的能量，保证结构的稳定性和管理的有效性，这就是能级原则。

（3）激励原则。管理中的激励就是利用某种外部诱因的刺激，调动人的积极性和创造性，以科学的手段，激发人的内在潜力，使其充分发挥积极性、主动性和创造性，这就是激励原则。人的工作动力来源于内在动力、外部压力和工作吸引力。

1.2.2.3　预防原理——抓安全重在预先防范

1．预防原理的含义

安全生产管理工作应该做到预防为主，通过有效的管理和技术手段，减少和防止人的不安全行为和物的不安全状态，这就是预防原理。在可能发生人身伤害、设备或设施损坏和环境破坏的场合，应事先采取措施，防止事故发生。

2．运用预防原理的原则

（1）偶然损失原则。事故后果以及后果的严重程度，都是随机的、难以预测的。反复发生的同类事故，并不一定产生完全相同的后果，这就是事故损失的偶然性。偶然损失原则告诉我们，无论事故损失的大小，都必须做好预防工作。

（2）因果关系原则。事故的发生是许多因素互为因果连续发生的最终结果，只要诱发事故的因素存在，就会发生事故，只是或迟或早而已，这就是因果关系原则。

（3）“3E”原则。造成人的不安全行为和物的不安全状态的原因可归结为技术、教育、身体和态度以及管理4个方面。针对这4方面的原因，可以采取3种防止对策，即工程技术（engineering）对策、教育（education）对策和法制（enforcement）对策，也就是所谓的“3E”原则。

（4）本质安全化原则。本质安全化原则是指从一开始在本质上实现安全，即从根本上消除事故发生的可能性，从而达到预防事故发生的目的。本质安全化原则不仅可以应用于设备、设施，还可以应用于建设项目。

1.2.2.4 强制原理

1．强制原理的含义

采取强制管理的手段控制人的意愿和行为，使个人的活动、行为等受到安全生产管理要求的约束，从而实现有效的安全生产管理，这就是强制原理。所谓强制就是绝对服从，不必经被管理者同意便可采取控制行动。

2．运用强制原理的原则

（1）“安全第一”原则。“安全第一”就是要求在进行生产和其他工作时把安全工作放在一切工作的首要位置。当生产和其他工作与安全发生矛盾时，要以安全为主，生产和其他工作要服从于安全，这就是“安全第一”原则。

（2）监督原则。监督原则是指在安全工作中，为了使安全生产法律法规得到落实，必须设立安全生产监督管理部门，对企业生产中的守法和执法情况进行监督。

1.2.3 安全生产管理内容

1.2.3.1 安全生产组织管理的主要内容

（1）建立企业安全生产责任制。

（2）建立和健全安全生产各项规章制度。

（3）建立和健全安全生产管理机构和配备安全生产管理人员。

（4）实行安全生产目标管理。

（5）组织各类安全生产检查。

（6）建立和健全安全生产教育制度。

（7）建立事故隐患排查治理管理制度。

（8）认真执行安全生产设施与主体工程同时设计、同时施工、同时投产使用的“三同时”管理制度。

（9）开展安全生产评价，正确掌握企业生产中的危险源，同时按各种危险源的实际情况采取各项防患措施。

（10）进行科学的工伤事故管理，对企业中发生的各类事故进行报告、登记、统计、分析、处理。

（11）对女员工进行特殊保护。

（12）企业员工的工时、休假制度管理。

（13）实行安全生产考核、奖惩制度管理。

（14）对员工劳动防护用品发放和使用的管理。

1.2.3.2 安全生产技术管理的主要内容

（1）电气设备的安全管理。

（2）特种设备的安全管理。

（3）防火防爆安全管理。

（4）各类安全工器具的管理。

（5）根据企业特殊需要的安全技术管理。

1.2.3.3 职业卫生技术管理的主要内容

（1）职业性有害因素及其预防措施。

（2）对职业病患者的管理。

1.2.4 事故致因理论

防范事故的科学经历了漫长的岁月，从事后型的“亡羊补牢”到预防型的本质安全；从单因素的就事论事到安全系统工程；从事故致因理论到安全科学管理，安全科学理论体系在不断发展和完善。在事故管理理论中，事故致因理论是指导事故预防工作的基本理论。

工业革命以后工业事故频繁发生，人们在与各种工业事故斗争的实践中不断总结经验，探索事故发生的规律，相继提出了阐明事故为什么会发生、事故是怎样发生的，以及如何防止事故发生的理论。由于这些理论着重解释事故发生的原因，以及针对事故致因因素如何采取措施防止事故，所以被称作事故致因理论。

1.2.4.1 海因里希的事故法则

美国安全工程师海因里希（Heinrich）曾统计了 55 万件机械事故，其中死亡、重伤事故 1666 件，轻伤事故 48334 件，其余则为无伤害事故。从而得出一个重要结论，即在机械事故中，死亡、重伤，轻伤和无伤害事故的比例为 1:29:300，国际上把这一法则称为事故法则，如图 1-1 所示。这个法则说明，在机械生产过程中，每发生 330 起意外事件，有 300 件未造成人员伤害，29 件造成人员轻伤，1 件导致死亡或重伤。对于不同的生产过程，不同类型的事故上述比例关系不一定完全相同，但这个统计规律说明了在进行同一项活动中，无数次意外事件，必然导致重大伤亡事故的发生。而要防止重大事故的发生必须减少和消除无伤害事故，要重视事故的苗头和未遂事故，否则终会酿成大祸。

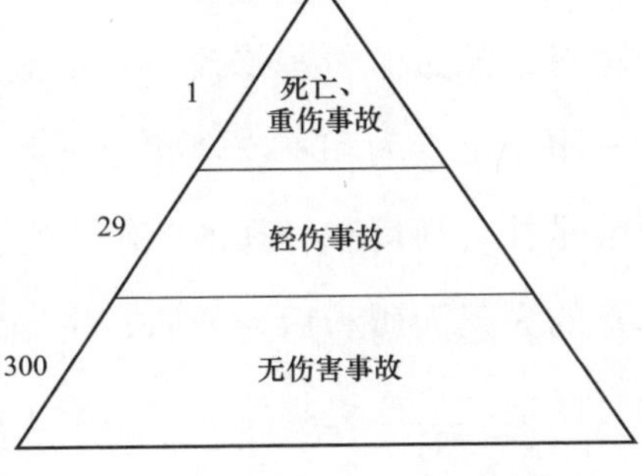

图 1-1 事故法则

例如，某机械师企图用手把皮带挂到正在旋转的皮带轮上，因未使用拨皮带的杆，且站在摇晃的梯板上，又穿了一件宽大长袖的工作服，结果被皮带轮绞入碾死。事故调查结果表明，他这种上皮带的方法使用已有数年之久。查阅4年病志（急救上药记录），发现他有33次手臂擦伤后治疗处理记录，他手下工人均佩服他手段高明，但最终还是导致死亡。这一事例说明，死亡、重伤事故虽有偶然性，但是不安全因素或动作在事故发生之前已暴露过许多次，如果在事故发生之前，抓住时机，及时消除不安全因素，许多重大伤亡事故是完全可以避免的。

1.2.4.2 因果连锁理论

因果连锁理论也称作多米诺骨牌理论。该理论认为，一种可防止的伤亡事故的发生，是一系列事件顺序发生的结果。因果连锁理论引用了多米诺效应的基本含义，认为事故的发生，就好像是一连串垂直放置的骨牌，前一个倒下引起后面的一个个倒下，最后一个倒下就意味着伤害结果的发生。最初，海因里希认为，事故是沿着人体本身→按人的意志进行动作→潜在的危险→发生事故→伤害这个顺序发生的。这个顺序表明事故发生的最初原因是人的本身素质不高，即存在生理、心理上的缺陷或知识、意识、技能方面的问题等，按这种人的意志进行动作，则会出现设计、制造、操作、维护错误；潜在的危险，则是由个人的动作引起的设备不安全状态和人的不安全行为；发生事故，则是在一定条件下，这种潜在危险引起的事故发生；伤害，则是事故发生的后果。

后来，我国有关专家对此又做了一些修改，将事故发生顺序变为社会环境和管理欠缺、人为过失→不安全行为和不安全状态→意外事件→伤亡。也就是说，事故发生的基础原因是社会环境和管理的欠缺。这里强调了社会和管理的作用，但却忽略了人本身的先天素质和后天素质、生理素质和心理素质。其余的内容与原来的几乎没有区别，只是更具体、更明确了。根据多米诺骨牌理论提出的防止事故措施是从骨牌顺序中移走某一个中间骨牌。例如，尽一切可能消除人的不安全行为和物的不安全状态，则伤害就不会发生。当前，我国正在兴起的安全文化，其目的在于消除事故发生的背景原因，也就是要造就一个人人重视安全的社会环境和企业环境，从提高人的素质方面来解决安全问题。这样，无论从管理上还是从技术上都不会发生人为失误，从而以上3个环节都不存在问题，也就从根本上解决了事故发生的问题。

1.2.4.3 轨迹交叉理论

轨迹交叉理论认为，在人与机器这个“两方共系”中，人的因素运动轨迹与物的因素运动轨迹的交点，就是事故发生的时间和空间。即人的不安全行为和物的不安全状态于同一时间、同一地点出现，或者说人的不安全行为和物的不安全状态相遇，则将在此时间、空间发生事故。按照该理论，可以通过避免人与物两种因素运动轨迹交叉，即避免人的不安全行为和物的不安全状态同时、同地出现，来预防事故的发生，如消除人的疏忽或对机器进行安全防护，将人与机器隔离等。

值得注意的是，许多情况下人与物又互为因果。有时物的不安全状态诱发了人的不安全行为，而人的不安全行为又促进了物的不安全状态的发展或导致新的不安全状态的出现。因而，实际的事故并非简单地按照人、物两条轨迹进行，而是呈现非常复杂的因果关系。

轨迹交叉理论涉及人（操作者或进入场地者）的不安全因素和物（机器设备等）的不安全状态的两个方面，无疑对揭示事故成因有很大的启示，但它的缺陷在于没有指明导致事故发生的主要原因。

1.2.5 系统安全理论

系统安全是指在系统寿命期间内应用系统安全工程和管理方法，辨识系统中的危险源，并采取控制措施使其危险性最小，从而使系统在规定的性能、时间和成本范围内达到最佳的安全程度。系统安全是人们为预防复杂巨系统事故而开发、研究出来的安全理论、方法体系。

系统安全认为，系统中存在的危险源是事故发生的原因。不同的危险源可能有不同的危险性。危险性是指某种危险源导致事故、造成人员伤害、财物损坏或环境污染的可能性。由于不能彻底地消除所有的危险源，也就不存在绝对的安全，所谓的安全，只不过是没有超过允许限度的危险。因此，系统安全的目标不是事故为零而是最佳的安全程度。

系统安全理论认为可能意外释放的能量是事故发生的根本原因，而对能量控制的失效是事故发生的直接原因，这涉及能量控制措施的可靠性问题。在系统安全研究中，不可靠被认为是不安全的原因，可靠性工程是系统安全工程的基础之一。研究可靠性时，涉及物的因素时，使用故障这一术语；涉及人的因素时，使用人失误这一术语。这些术语的含义较以往的人的不安全行为、物的不安全状态深刻得多。一般地，一起事故的发生是许多人失误和物的故障相互复杂关联、共同作用的结果，即许多事故致因因素复杂作用的结果。因此，在预防事故时必须在弄清事故致因相互关系的基础上采取恰当的措施，而不是相互孤立地控制各个因素。

1.3 电力安全管理与职业健康

1.3.1 反违章管理办法

1.3.1.1 定义

违章是指在电力生产活动过程中，违反国家和电力行业安全生产法律法规、规程标准，违反国网公司安全生产规章制度、反事故措施、安全管理要求等，可能对人身、电网和设备构成危害并容易诱发事故的管理的不安全作为、人的不安全行为、物的不安全状态和环境的不安全因素。

1.3.1.2 分类

违章按照性质分为管理违章、行为违章和装置违章 3 类。

管理违章，指各级领导、管理人员不履行岗位安全职责，不落实安全管理要求，不健全安全规章制度，不执行安全规章制度等的各种不安全作为。

行为违章，指现场作业人员在电力建设、运行、检修、营销服务等生产活动过程中，违反保证安全的规程、规定、制度、反事故措施等的不安全行为。

装置违章，指生产设备、设施、环境和作业使用的工器具及安全防护用品不满足规程、规定、标准、反事故措施等的要求，不能可靠保证人身、电网和设备安全的不安全状态和环境的不安全因素。

违章按照性质、情节及可能引起的后果，可分为Ⅰ类、Ⅱ类和Ⅲ类违章。

Ⅰ类违章，是指可能对电网、人身、设备安全构成较大危害、容易诱发事故的违章。

Ⅱ类违章，是指可能对电网、人身、设备安全构成一定危害，安全风险较高的违章。

Ⅲ类违章，是指情节较轻，安全风险相对较低的违章。

1.3.1.3 记分制度

安全生产违章实行记分制度。违章记分由各级单位安全督查组和各类反违章检查组人员负责实施。违章记分以一个年度为考核周期，年末清零。具体参照违章记分考核办法执行。

反违章工作贯彻“落实责任，健全机制，查防结合，以防为主”的基本原则，建立健全行之有效的预防违章和查处违章工作机制，充分发挥安全保证体系和安全监督体系协同作用，持续深入地开展反违章工作。

每位作业人员都应自觉遵守安全工作规程规定，深刻认识到“违章就是事故之源，违章就是伤亡之源”，积极主动参与反违章，建立反违章工作的群众基础。

1.3.1.4 反违章规章制度

反违章规章制度主要包括《国家电网有限公司安全生产反违章工作管理办法》等。

1.3.2 外包队伍安全管理

1.3.2.1 业务外包的定义

业务外包是指各级单位作为甲方（以下称发包单位）与乙方（以下称承包单位）签订合同，将建设（技改）工程施工、供电企业业务（以下称外包项目）发包给承包单位的活动。

业务外包按业务性质分为建设工程施工外包和供电企业业务外包两大类。建设工程施工外包可分为施工总承包、专业承包、专业分包、劳务分包；供电企业业务外包可分为专业外包和劳务外包。

（1）施工总承包是指发包单位（建设单位）将全部工程项目施工发包给具备相应资质的承包单位。承包单位可以全部自行施工，也可以依法进行专业分包或劳务分包。

（2）专业承包是指发包单位（建设单位）将工程项目施工中部分工程施工发包给具备相应资质的承包单位，承包单位自行组织施工，完成工程施工任务。承包单位可进行劳务分包。

（3）专业分包是指发包单位（施工单位）将其承包工程项目非主体工程施工发包给具备相应资质的承包单位，承包单位自行组织施工，完成非主体工程施工任务。承包单位可进行劳务分包。

（4）劳务分包是指发包单位（施工单位）将所承包工程施工中的劳务作业发包给具有相应资质的承包单位，发包单位提供机具设备、工器具等，承包单位安排本单位人员按照发包单位的要求完成劳务作业。

（5）专业外包是指发包单位（供电公司、运检公司、信通公司、客服中心等）将供电企业常规业务或其他业务发包给具有相应资质的承包单位，由承包单位独立完成。

（6）劳务外包是指发包单位（供电公司、运检公司、信通公司、客服中心等）将供电企业常规业务或其他业务中的劳务作业发包给具有相应资质的承包单位，由发包单位提供工作场所、机具设备、工器具等，承包单位安排本单位人员按照发包单位的要求完成劳务作业。

1.3.2.2 “黑名单”及“负面清单”管理

依据国家有关规定与要求，对发生安全事故（件）、存在违法违规行为、安全管理混乱的承包单位及其项目负责人实行“黑名单”和“负面清单”管理。

“黑名单”管理是对安全事故（件）负有主要责任的承包单位及其项目负责人在一定范围和时段内禁入。“黑名单”分Ⅰ、Ⅱ、Ⅲ级，分别由企业内部制定。

发包单位安监部门负责起草“负面清单”，并会同业务部门、物资部门审核确认后正式公布，报发包单位所属省公司级单位安监部门备案，并在外包安全资信系统中发布。

对于列入“负面清单”管理后未按要求整改，或屡次发生应列入“负面清单”管理情形的承包单位，发包单位可将其列入“黑名单”管理。

1.3.2.3 严格外包安全双准入审查

为贯彻《国家电网有限公司安全准入工作规范（试行）》（安监二〔2019〕60号）精神，进一步加强外包单位和人员进场前安全把关，规范外包安全管理和现场作业行为，防范各类安全事件（事故），需严格执行外包安全双准入，即外包单位安全准入和外包人员安全准入。外包安全准入后，作业人员方可进场作业。

1.3.2.4 外包单位准入条件

（1）企业资质：有效的营业执照。

（2）业务资质：建筑业企业资质证书；电力施工类单位应具备承装（修、试）电力设施许可证；其他类别单位应根据有关规定具备相应资质证书。

（3）安全资质：有效的安全生产许可证。

（4）人员资质：法人代表、项目经理、专（兼）职安全生产管理人员（安全员）应持有有效安全证件。

法人代表应持有安全生产A证和政府有关部门颁发的安全培训合格证。项目经理应取得安全生产B证。专（兼）职安全生产管理人员（安全员）应具有3年及以上相关工作经验，熟悉电力安全工作规程和有关安全工作要求，取得安全生产C证。

（5）提供真实有效的人员信息一览表，包括法人代表、项目经理、专（兼）职安全生产管理人员（安全员）和所有现场作业人员的姓名、身份证信息、手机号码、技能等级、持证情况、近3个月社保缴纳证明等。

外包单位超过30人的应配有专职安全生产管理人员（安全员），30人以下的应设有兼职安全生产管理人员（安全员）。

（6）施工机具、安全工器具清单。具有有效的机械设备检验合格证，施工机具、安全工器具等的试验报告，工程车辆的行驶证件等。

（7）未在“黑名单”或“负面清单”禁入时限内。

1.3.2.5 外包人员准入条件

（1）所在单位已完成安全准入。

（2）现场作业人员应持有与从事业务类别相符的特种作业资格证书，如电工作业证（包括低压电工作业、高压电工作业、电力电缆作业、继电保护作业、电气试验作业和防爆电气作业）、高处作业证（包括登高架设作业、高处安装、维护和拆除作业）、焊工证等。电气作业人员应具有初中及以上学历。

（3）工作票签发人、工作负责人（简称“两种人”）应具有高中及以上学历、两年及以上相关工作经验。

（4）作业人员应身体健康，无妨碍工作的病症，体格检查至少两年一次，高处作业人员应每年进行一次体检。人员年龄符合法律规定的从业年龄。

（5）未在“黑名单”或“负面清单”禁入时限内。并按规定通过安全准入考试的外包单位和人员方可进场作业。

1.3.3 电力职业健康

1.3.3.1 HSE 管理体系

HSE 管理体系即健康、安全和环境管理体系，是将组织实施健康、安全与环境管理的组织机构、职责、做法、程序、过程和资源等要素构成一个整体，这些要素通过先进、科学、系统的运行模式有机地融合在一起，相互作用、互相关联，形成一个整体动态的管理体系。

HSE 管理体系中的 H（健康）指人身体上没有疾病，在心理上保持一种完好的状态；S（安全）是指在劳动生产过程中，努力改善劳动条件、克服安全因素，使劳动生产在保证劳动者健康、企业财产不受损失、人民生命安全的前提下顺利进行；E（环境）是指与人类密切相关的，影响人类生活和生产活动的各种自然因素与作用力的总和。

HSE 管理体系的形成实际上就是把全面质量管理的方法和原则运用到安

全、健康和环境管理当中，用于企业通过经常和规范化的管理活动，实现健康、安全与环境管理目标。目的在于建立一个符合要求的HSE管理体系，再通过不断的评价、管理评审和体系审核活动，推动这个体系的有效运行，达到健康、安全与环境管理水平不断提高的目的。与以往单纯的生产安全管理不同，HSE管理模式把生产安全与员工健康、生存环境融合成为一个整体，实行对健康、安全与环境的全过程管理，体现了“预防为主”的思想，具有领导承诺、全员参与、程序/文件化管理和持续改进等特点，是在现行安全管理制度基础上的进一步深化和提高。

1.3.3.2 职业健康相关概念

1．职业病

职业病指企业、事业单位和个体经济组织的劳动者在职业活动中，因接触粉尘、放射性物质和其他有毒有害物质的等因素而引起的疾病。

2．职业病危害因素

职业病危害因素指在职业活动中产生和（或）存在的、可能对职业人群健康安全和作业能力造成不良影响的因素或条件，包括化学、物理、生物等因素。

3．职业禁忌

职业禁忌指劳动者从事特定职业或者接触特定职业病危害因素时，比一般职业人群更易遭受职业病危害和罹患职业病或者可能导致原有自身疾病病情加重，或者在从事作业过程中诱发可能导致对劳动者生命健康构成危险的疾病的个人特殊生理或病理状态。

4．职业健康监护

职业健康监护指以预防为目的，根据劳动者的职业接触史，通过定期或不定期的医学健康检查和健康相关资料的收集，连续地监测劳动者的健康状况，分析劳动者健康变化与所接触的职业病危害因素的关系，并及时地将健康检查和资料分析结果报告给用人单位和劳动者本人，以便及时采取干预措施，保护劳动者健康。

职业健康监护主要包括职业健康检查、离岗后健康检查、应急健康检查和职业健康监护档案管理等内容。

1.3.3.3 职业危害的主要内容及防治措施

1．职业中毒

（1）职业中毒的表现类型。在劳动生产过程中，由于接触生产性毒物引起的中毒，称为职业中毒。根据接触毒物时间的长短、剂量大小和发病缓急，职业中毒可分为急性、亚急性和慢性 3 种。短时间内大量毒物侵入人体引起的中毒称为急性中毒；在短时间内吸收较大剂量的毒物引起的中毒称为亚急性中毒；长期吸收小剂量毒物引起的中毒称为慢性中毒。

（2）预防职业中毒的措施：

1）消除毒物。控制生产流程中有毒物质，用无毒或低毒物代替有毒原料，改进能生产有害的工艺流程，改进技术设备，实现生产的密闭化、连续化、机械化和自动化，使作业人员减少或脱离直接接触有害物质。

2）密闭、隔离有害物质污染源，控制有害物质逸散。对逸散到作业场所的有害物质要采取通风措施，控制有害物质的飞扬、扩散。

3）加强个人防护。在有害物质工作场所工作的人员，应穿戴防护服、防护面具、防毒面罩、防尘口罩等个人防护用具。

4）提高机体抗御能力。有害物质作业场所的作业人员应享受必要的保健待遇，加强营养和锻炼。

5）加强对有害物质的检测，控制有害物质的最高浓度低于国家有关标准。

6）对接触有害物质的相关人员定期进行健康检查。必要时实行转岗、换岗作业。

7）加强对有害物质预防措施的宣传教育。建立健全安全生产责任制、卫生责任制和岗位责任制。

2．粉尘危害

（1）粉尘危害表现在以下几方面：

1）对人体的危害。长期接触粉尘的作业人员，当吸入的粉尘达到一定数量时即可引发尘肺病。尘肺病是生产性粉尘对人体的最主要危害之一。游离的二氧化硅粉可引发矽肺；金属性粉尘如锰尘、铍尘等可引发锰肺、铍肺等各种金属肺；煤尘可引发煤肺等。

2）对生产的危害。作业场所中的粉尘附着于精密仪器、仪表、可使这些设备的精确度下降；附着机器设备的传动、运转部位，使磨损加剧，使用寿命缩短。

3）对环境的危害。漂浮于空气中的粉尘可吸附在其他有害物质，形成严重的大气污染。

4）对经济效益的影响。主要表现在使产品质量降低，产品合格率降低，产品价格下落。

（2）综合防尘措施：

1）技术措施。

a．工艺改革。以低粉尘、无粉尘物料代替高粉尘物料；以不产尘设备、低产尘设备代替高产尘设备。

b．密闭尘源。使用密闭的生产设备或者将敞口设备改成密闭设备，防止和减少粉尘外逸。

c．通风排尘。受生产条件限制，设备无法密闭后仍有粉尘外逸时，要采取通风的方法，将产尘点含尘气体直接抽走，确保作业场所空气中粉尘浓度符合国家卫生标准。

2）组织管理措施。

a．加强防尘工作领导，确保一定资金投入用于防尘设施的改善。

b．加强防尘工作的宣传教育。通过对防尘设备使用常识、个人防护用品知识的宣传、培训，可使接尘者对粉尘危害有充分的了解和认识。

c．加强维护管理。投入使用的各种除尘设备要加强检查、维护，确保设备高效运行。

d．定期对作业场所的粉尘浓度进行检测。

3）个人防护措施。受生产条件限制，在粉尘无法控制或高浓度粉尘条件下作业的人员必须合理、正确地使用防尘口罩、防尘服等个人防护用品。

4）卫生保健措施。定期对接尘人员进行体检。有作业禁忌的人不得从事接尘作业。

3．噪声危害

（1）噪声的危害对人体是多方面的，主要表现在：

1）损失听觉。短时间暴露在噪声下，可引发听力减弱、听觉面感性下降等听觉疲劳症状。长久在噪声中工作，可引起永久性耳聋。

2）引起各种病症。长时间接触高声及噪声，除因其职业性耳聋外，还可引发消化不良、食欲不振、恶心、呕吐、头痛、心跳加快、血压增高、失眠等全身性病症。

3）引起事故。强烈噪声可导致某些机器、设备、仪表、甚至建筑物的损坏或精度的下降；在某些特殊场所，强烈的噪声可掩盖警告响等，引起设备损坏或人员伤亡事故。

（2）预防噪声危害的措施：

1）控制和消除噪声源。改革工艺过程和生产设备，以低声或无声设备或工艺代替产生强噪声的设备和工艺，使噪声源远离工人作业区和居民区。

2）控制噪声的传播。用吸声材料、吸声结构和吸声装置将噪声源封闭，防止噪声传播。可用隔声板、隔声罩、隔声地板、门窗等。

3）采用合理的防护措施。

a．合理使用耳塞。防噪耳塞、耳罩具有一定的防噪声效果。根据耳道大小选择合适的耳塞，对高频噪声进行阻隔。

b．合理调整工时。工作中安排休息时间，使工人暂离噪声环境；限制噪声作业工人的工作时间，以减轻噪声对人体的危害。

4）卫生保健措施。接触噪声的人员应进行定期体验。以听力检查为重点，对已出现听力下降者，应予以治疗和观察，重症者应调离噪声作业岗位。就业前体检或定期体验中发现明显的听觉器官疾病、心血管病、神经系统器质性疾病者，不得参与接触强烈噪声的工作。

本章小结

安全生产中常见安全事故的定义、个人在生产中的所要遵循的管理原理和原则以及安全生产事故分析有助于提升电力员工安全生产意识，保障电力职工的人身安全和切身利益。了解、学习相应的安全基础知识可以帮助他们提升安全意识、避免各类违章，降低安全风险，杜绝生产事故。

第2章 公共安全知识

本章概要

在实际的电力工作中，工作人员所处的生产环境往往是复杂多变且充满多种类型的安全风险。面对复杂多变且充满考验的工作环境，了解各种公共安全知识能够帮助工作人员提升安全生产意识，知晓公共安全所涉及的类型与范围，辨析违反公共安全所带来的严重后果，有助于电力工作者树立公共安全和防护意识。

2.1 基本知识

2.1.1 作业现场的基本条件

为使作业现场的安全生产条件符合法律、法规的要求，对作业现场应具备的基本条件作出了以下规定。

（1）作业现场的生产条件和安全设施等应符合有关标准、规范的要求，工作人员的劳动防护用品应合格、齐备。

（2）经常有人工作的场所及施工车辆上宜配备急救箱，存放急救用品，并应指定专人经常检查、补充或更换。

（3）现场使用的安全工器具应合格并符合有关要求。安全工器具参考配置见附录C。

（4）各类作业人员应被告知其作业现场和工作岗位存在的危险因素、防范措施及事故紧急处理措施。

2.1.2 作业人员的基本条件

由于电气作业具有一定的危险性、较强的专业性和高危性，作业人员的身体条件、电气知识和业务技能以及安全生产知识应满足以下要求。

（1）经医师鉴定，无妨碍工作的病症（体格检查每两年至少一次）。有以下病症的人员不能从事电气作业：严重心脏病、3级以上的高血压、癫痫病、精神病、关节僵硬和习惯性脱臼症、代偿性肺结核、耳聋、严重色盲等。

（2）具备必要的电气知识和业务技能，且按工作性质，熟悉电力安全工作规程的相关部分，并经考试合格。

（3）具备必要的安全生产知识，学会紧急救护法，特别要学会触电急救。

2.2 电气安全

随着电力的广泛应用，电气设备在各行各业的运用已相当普遍，如果电气设备安装不恰当、使用不合理、维修不及时，尤其是电气工作人员缺乏必要的电气安全知识，极易造成电气事故，危及人身安全，给国家和人民群众带来损失。因此，电气安全在生产领域和生活领域都具有特殊的重大意义，越来越引起人们的关注和重视。本节主要从人身安全角度出发讨论电气安全有关问题。

2.2.1 概述

2.2.1.1 直流电和交流电

直流电（direct current，DC），又称恒流电，恒定电流是直流电的一种，是大小和方向都不变的电流，它是由爱迪生发现的。

交流电（alternating current，AC）则是指电流方向随时间作周期性变化的电流，在一个周期内的运行平均值为零。

2.2.1.2 现行电压等级

电压等级（voltage class）电力系统及电力设备的额定电压级别系列。额定电压是电力系统及电力设备规定的正常电压，即与电力系统及电力设备某些运行特性有关的标称电压。电力系统各点的实际运行电压允许在一定程度上偏离其额定电压，在这一允许偏离范围内，各种电力设备及电力系统本身仍然能正常运行。

我国最高交流电压等级是1000kV，交流电压还有500、330、220、110、66、35、10kV，380/220V，其中66kV是由于历史原因遗留下来的，仅在我国东北地区存在。

我国最高直流电压等级为±800kV，直流电压还有±660、±500、±100、±50kV。

我国常用的电压等级有220、380V，6.3、10、35、110、220、330、500、1000kV。电力系统一般是由发电厂、输电线路、变电站、配电线路及用电设备构成。通常将35kV以上的电压线路称为送电线路。35kV及其以下的电压线路称为配电线路。将额定1kV以上电压称为“高电压”，额定电压在1kV以下电压称为“低电压”。

我国规定安全电压为42、36、24、12、6V 5种。

交流电压等级中，通常将1kV以下称为低压，1kV以上、35kV及以下称为中压，35kV以上、220kV以下称为高压，330kV及以上、1000kV以下称为超高压，1000kV及以上称为特高压。

直流电压等级中，±800kV以下称为高压，±800kV及以上称为特高压。

2.2.2 电流对人体的伤害及影响因素

2.2.2.1 电流对人体的伤害

电对人体的伤害主要来自电流。电流流过人体时，随着电流的增大，人体会产生不同程度的刺麻、酸疼、打击感，并伴随不自主的肌肉收缩、心慌、惊恐等症状，直至出现心律不齐、昏迷、心跳呼吸停止、死亡的严重后果。

所谓触电是指电流流过人体时对人体产生的生理和病理伤害。这种伤害是多方面的，可以分为电击和电伤两种类型。

1. 电击

电击是电流通过人体内部对人体所产生的伤害。它主要是破坏了人体心脏、呼吸和神经系统的正常工作，危及人的生命。例如，电流通过心脏，造成心脏功能紊乱、导致血液循环的停止；电流通过中枢神经系统的呼吸控制中心使呼吸停止；电流通过胸部可使胸肌收缩迫使呼吸停顿，这几种情况都会导致死亡。一般来说，触电死亡事故中的绝大多数是由于电击造成的。

2．电伤

电伤是电流的热效应、化学效应和机械效应对人体外部造成的局部伤害。电伤往往在肌体上留下伤痕，严重时也可致死。电伤可分为电灼伤、电烙伤和皮肤金属化3种。

电灼伤是由于电流热效应而产生的电伤，如带负荷拉开隔离开关时强烈的电弧对皮肤的烧伤。电灼伤的后果是皮肤发红、起泡以及烧焦、皮肤组织破坏等。

电烙伤发生在人体与带电体有良好的接触的情况下，在皮肤表面留下和被接触带电体形状相似的肿块痕迹。有时在触电后并不立即出现，而是相隔一定时间后出现，电烙印一般不发炎或化脓，但往往造成局部麻木和失去知觉。

皮肤金属化是指在电流作用下，熔化和蒸发的金属微粒沉积于变肤表面及深部而产生的电伤。这种电伤使皮肤受伤害的部分变得粗糙、硬化或使局部皮肤变为绿色或暗黄色。

2.2.2.2 影响电流对人体伤害程度的因素

1．电流强度

通过人体的电流越大，人体的生理反应越强烈，对人体的伤害就越大。按照人体对电流的生理反应强弱和电流对人体的伤害程度，可将电流大致分为感知电流、摆脱电流和致命电流3种。上述这几种电流的大小与触电对象的性别、年龄以及触电时间等因素有关。

感知电流是指能引起人体感觉但无有害生理反应的最小电流。试验表明，不同人的感知电流是不相同的，成年男子约为1.1mA，成年女子约为0.7mA。

摆脱电流是指人体触电后能自主摆脱电源而无病理性危害的最大电流。当电流增大到一定程度时，触电者因肌肉收缩而紧抓带电体，不能自行摆脱电源。实验表明，不同人的摆脱电流也不相同，成年男子约为16mA，成年女子约为10.5mA；儿童的摆脱电流较小。

致命电流是指能引起心室颤动而危及生命的最小电流。致命电流为50mA

（通过时间在 1s 以上时）。

在一般情况下，可取 30mA 为安全电流，即以 30mA 为人体所能忍受而无致命危险的最大电流。但在有高度触电危险的场所，应取 10mA 为安全电流。而在空中或水面时，考虑到人受电击后有可能会因痉挛而摔死或淹死，则应取 5mA 作为安全电流。

2．电流通过人体的持续时间

触电致死的生理现象是心室颤动，电流通过人体的持续时间越长越容易引起心室颤动。这是由于心脏在收缩与舒张的时间间隙（约 0.1s）内对电流最为敏感，通电时间长，重合这段间隙的可能性就越大，心室颤动的可能性也就越大。此外，通电时间长，电流的热效应和化学效应将会使人体出汗和组织电解，从而降低人体电阻，使流过人体的电流逐渐增大，加重触电伤害。

3．电流的频率

人体对不同频率的生理敏感性是不同的，因而不同种类的电流对人体的伤害也就有区别。工频（30～100Hz）电流对人体的伤害最为严重；高频电流对人体的伤害程度远不及工频交流电严重，故医疗临床上有利用高频电流作理疗者，但电压过高的高频电流仍会使人触电致死；冲击电流是作用时间极短（以微秒计）的电流，如雷电放电电流和静电放电电流。冲击电流对人体的伤害程度与冲击放电能量有关，由于冲击电流作用的时间极短暂，数十毫安才能被人体所感知。

4．电流通过人体的路径

电流取任何路径通过人体都可以致人死亡。但电流通过心脏、中枢神经（脑部和脊髓）、呼吸系统是最危险的。因此，从左手经前胸到脚是最危险的电流路径，这时心脏、肺部、脊髓等重要器官都处于路径内，很容易引起心室颤动和中枢神经失调而死亡。从右手到脚的危险性要小些，但会因痉挛而摔倒，导致电流通过全身或二次伤害。

5．人体状况

试验研究表明，触电危险性与人体状况有关。触电者的性别年龄、健康状况、精神状态和人体电阻都会对触电后果产生影响。例如，一个患有心脏病、结核病、内分泌器官疾病的人，由于自身的抵抗力低下，会使触电后果更为严重。相反，一个身心健康，经常进行体育锻炼的人，触电的后果相对来说会轻一些。妇女、儿童、老年人以及体重较轻的人耐受电流刺激的能力也相对要弱一些，触电的后果也比青壮年男子更为严重。

人体电阻的大小是影响触电后果的重要物理因素。显然，当作用于人体的电压一定时，人体电阻越小，流过人体的电流越大，触电者也就越危险。人体电阻包括体内电阻和皮肤电阻，体内电阻较小（约为 500Ω），而且基本不变。人体电阻主要是皮肤电阻，其值与诸多因素有关，如接触电压、接触面积、接触压力、皮肤表面状况（干湿程度、有无组织损伤、是否出汗、有无导电粉尘、皮肤表层角质层的厚薄）等。需要注意的是，人体电阻只对低压触电有限流作用。

6．作用于人体的电压

触电伤亡的直接原因是电流在人体内引起的生理病变。但电流的大小与作用于人体的电压高低有关。这不仅是就一定的人体电阻而言（电压越高，电流越大），更是因为人体电阻将随着作用于人体的电压升高而呈非线性急剧下降，致使通过人体的电流显著增大，使得电流对人体的伤害更加严重。

人体的耐受电压与所处环境有关。上文提到在一般环境中的安全电流可取 30mA，人体电阻在一般情况下可按 1000～2000Ω 计算。这样一般环境下的安全电压范围是 30～60V。我国规定的安全电压等级是 42、36、24、12、6V，当设备采用超过 24V 安全电压时，应采取防止直接接触带电体的安全措施。对于一般环境的安全电压为可取 36V，但在比较危险的地方、工作地点狭窄、周围有大面积接地体、环境湿热场所，如电缆沟、煤斗、油箱等地，则采用的安全电压不准超过 12V。

规程规定电压等级在 1000V 及以上的电气装置称为高压设备，电压等级在 1000V 以下的电气装置称为低压设备。虽然高压对人体的危害比低压要严重得多，但是由于高压电气设备有较完善的安全防范措施，人们与高压设备接触机会较少，而且思想上较为重视，因此高压触电事故反而比低压触电事故少。值得注意的是，在潮湿的环境中也曾发生过 36V 电压触电死亡的事故。

电力小常识：高压线触电

高压导线周围有电场，离导线越近电场强度越大。带电的高压线路在无法满足最小对地距离时，会把空气电离击穿导致放电，可能造成线路跳闸，甚至造成人身伤亡和财产损失。

启示：为了保障您的生命安全，请务必避让电力设施，并与带电体之间保持足够的安全距离。架空绝缘导线不应视为绝缘设备，不应直接接触或靠近。

2.2.3　人体触电及防止触电的安全技术

2.2.3.1　人体触电的类型

人体触电的方式多种多样，一般可分为直接接触触电和间接接触触电。此外，还有高压电场、高频电磁场、静电感应、雷击等触电方式。

（1）直接接触触电。人体直接触及或过分靠近电气设备及线路的带电导体而发生的触电现象称为直接接触触电。单相触电、两相触电、电弧伤害都属于直接接触触电。

（2）间接接触触电。人体触及正常情况下不带电，而故障情况下变为带电的设备外露的导体，所引起的触电现象，称为间接接触触电。例如，电气设备在正常运行时，其金属外壳或结构是不带电的，当电气设备绝缘损坏而发生接地短路故障（俗称“碰壳”或“漏电”）时，其金属外壳便带有电压，人体触及便会发生触电，即为间接接触触电。

2.2.3.2　防止触电的安全技术

对系统或设备本身及工作环境采取技术措施是防止人身触电行之有效的方法，防止触电的技术措施主要有防止接触带电部件，如绝缘、屏护和安全间距；防止电气设备漏电伤人措施，如保护接地和保护接零；采用安全电压；安装剩余电流动作保护器等。

1．绝缘防护

电气设备无论其结构多么复杂，都可看作是由导电材料、导磁材料和绝缘材料组成的。有些设备没有导磁体（如白炽灯、电阻炉等），有些设备有导磁体（如电动机、变压器、电磁开关），而导电体和绝缘体是任何电气设备不可缺少的两个基本部分。使用绝缘材料将带电导体封护或隔离起来，使电气设备及线路能正常工作，防止人身触电，这就是所谓绝缘防护。比如用绝缘布带把裸露的接线头包扎起来就是绝缘防护。完善的绝缘可保证人身与设备的安全；绝缘不良，会导致设备漏电、短路，从而引发设备损坏及人身触电事故。所以，绝缘防护是最基本的安全保护措施。

绝缘材料的绝缘性恶化或被破坏将引起绝缘事故，在现场作业中，预防电气设备绝缘事故的措施有以下几种。

（1）不使用质量不合格的电气产品。

（2）按规程和规范安装电气设备或线路。例如电线管与蒸汽管道之间的距离应符合规范要求，不能满足时应在管外包以隔热层；在有腐蚀性气体或蒸汽的场所，动力配线应选用塑料绝缘导线，断路器设备应装在特制的密封箱内或浸在绝缘油中等。

（3）按工作环境和使用条件正确选用电气设备。例如潮湿场所应选用密封型电动机。

（4）按照技术参数使用电气设备，避免过电压和过负荷运行。过负荷将使绝缘温升过高，引起绝缘材料软化；过电压则有击穿绝缘的危险。

（5）正确选用绝缘材料。例如在修理电动机时，不应降低绝缘材料的耐热等级，否则绝缘的允许温升将降低，电动机额定电流将减小。

（6）按规定的周期和项目对电气设备进行绝缘预防性试验。对有绝缘缺陷的设备及时进行处理。

（7）改善绝缘结构。例如家用电器和手持电动工具采用双重绝缘结构可以更好地预防绝缘事故发生。

（8）在搬运、安装、运行和维修中避免电气设备的绝缘结构受机械损伤、受潮、脏污。

（9）在中性点不接地的电力系统中装设绝缘监察装置。在这类电网中，当发生单相接地故障（一相绝缘降低）时，其他两相对地电压将升高，由于接地故障电流是电容电流而不是短路电流，短路保护装置不会动作，电网将长时间在故障状态下运行。这不仅会使非故障相的绝缘承受工频过电压，而且增加了触电的危险性。因此，有必要在中性点不接地电网中装设绝缘监察装置，对电网的绝缘情况进行经常性的监视，以便及时处理接地故障。

2. 屏护与间距

（1）屏护。屏护是采用遮栏、护罩、护盖等将带电体同外界隔绝开。有防止触及带电导体、电弧烧伤、短路和便于安全操作的作用。高压设备往往很难做到全部绝缘，如果人接近至一定距离时会发生电弧放电事故，因此不论高压设备是否有绝缘，均需加装屏护装置。

屏护装置应有足够的尺寸，并与带电体保持足够的安全距离：遮栏与低压裸导体的距离不应小于 0.8m；网眼遮栏与裸导体之间的距离，低压设备不应小于 0.15m，10kV 设备不应小于 0.35m。屏护装置所用材料应有足够的机械强度和阻燃性能，并安装牢固。金属材料制成的屏护装置应可靠接地或接零。屏护装置上应有明显的标志，如“止步，高压危险！”“当心触电！”等警告牌。

（2）间距。间距是将可能触及的带电体置于可能触及的范围之外。其安全作用与屏护的安全作用基本相同。带电体与地面之间、带电体与树木之间、带电体与其他设施和设备之间、带电体与带电体之间均需保持一定的安全距离。安全距离的大小取决于电压高低、设备类型、环境条件和安装方式等因素。架空线路的间距需考虑气温、风力、覆冰和环境条件的影响。

在低压作业中，人体及所携带的工具与带电体之间的安全距离不应小于 0.1m。

高压作业中人体及所携带的工具与带电体之间的安全距离如表 2-1 所示。

表 2-1　　高压作业中人体及所携带的工具与带电体之间的安全距离

电压等级（kV）	安全距离（m）	电压等级（kV）	安全距离（m）
10 及以下（13.8）	0.70	500	5.00

续表

电压等级（kV）	安全距离（m）	电压等级（kV）	安全距离（m）
20、35	1.00	1000	8.70
63（66）、110	1.50	±500	6.00
220	3.00	±800	9.30

车辆（包括装载物）外廓至无遮栏带电体之间的安全距离如表2-2所示。

表2-2　　车辆（包括装载物）外廓至无遮栏带电体之间的安全距离

电压等级（kV）	安全距离（m）	电压等级（kV）	安全距离（m）
10	0.95	500	4.55
20	1.05	1000	8.25
35	1.15	±500	5.60
110	1.65（1.75）*	±800	9.00
220	2.55		

*括号内数字为110kV中性点不接地系统所使用。

在架空电力线路进行起重工作时，起重机具与线路之间的安全距离如表2-3所示。

表2-3　　起重机具与线路之间的安全距离

电压等级（kV）	<1	1～10	35～63	110	220	500
安全距离（m）	1.5	3.0	4.0	5.0	6.0	8.5

（3）保护接地。为防止人身因电气设备绝缘损坏而遭受触电，将电气设备的金属外壳与接地体连接起来，称为保护接地。

采用保护接地后，可使人体触及漏电设备时的接触电压明显降低，因而大大减少了人体触电事故的发生。

（4）剩余电流动作保护装置。剩余电流动作保护装置是指电路中带电导线对地故障所产生的剩余电流超过规定值时，能够自动切断电源或报警的保护装置。

低压配电系统中装设剩余电流动作保护装置是防止直接接触触电事故和间接接触触电事故的有效措施之一，也是防止电气线路或电气设备接地故障引起电气火灾和电气设备损坏事故的技术措施。

2.2.4 防雷及防静电

2.2.4.1 防雷

1．雷电产生的原因

雷电是由于地面湿气受热上升或空中不同冷、热气团相遇凝成水滴或冰晶形成积云，在运动时使电荷发生分离，当电荷积聚到足够数量时，就在带有不同电荷的云间或由于静电感应而产生不同电荷的云地间发生的放电现象。

雷云中可能同时存在着几个电荷聚集中心，所以经常出现多次重复性的放电现象，常见的为 2～3 次。第一个电荷聚集中心完成放电过程后，其电位迅速下降，第二个电荷聚集中心立即向着前一个放电位置移动，瞬间重复放电。每次间隔时间从几百毫秒到几百微秒不等，但其放电电流大小将逐次递减。

2．雷电的种类

（1）直击雷。带电积云接近地面与地面凸出物之间的电场强度达到空气的介电强度（25～30kV/mm）时发生的放电现象，称为直击雷。通常包括先导放电、主放电、余光 3 个阶段。大约 50%的直击雷有重复放电特征。每次雷击有三四个冲击到数十个冲击。一次直击雷的全部放电时间一般不超过 500ms。

（2）感应雷，分为静电感应雷和电磁感应雷。静电感应雷是由于带电积云在架空导线或其他导电凸出物顶部感应出大量电荷，在带电积云与其他客体放电后，感应电荷失去束缚，以大电流、高电压冲击波的形式，沿线路导线或导电凸出物传播。电磁感应雷是由于雷电放电时，巨大的冲击雷电流在周围空间产生迅速变化的强磁场在邻近导体上产生的很高的感应电动势。

（3）球雷。球雷是雷电放电时形成的发红光、橙光、白光或其他颜色光的球状带电气体。

此外，直击雷和感应雷都能在架空线路或空中金属管道上产生沿线路或管道两个方向传播的雷电冲击波。

3．雷电的危害

雷电具有雷电流幅值大（可达数十千安到数百千安）、陡度大（可达50kA/μs）、冲击性强、冲击过电压高（可达数百万伏到数千万伏）的特点。雷电有电性质、热性质、机械性质等多方面的破坏作用，均可能带来极为严重的后果。

（1）火灾与爆炸。直击雷放电的高温电弧、二次放电、巨大的雷电流、球雷侵入可直接引起火灾和爆炸；冲击电压击穿电气设备的绝缘等破坏可间接引起火灾和爆炸。

（2）触电。积云直接对人体放电、二次放电、球雷打击、雷电流产生的接触电压和跨步电压可直接使人触电；电气设备绝缘因雷击而损坏也可使人触电。

（3）设备和设施毁坏。雷击产生的高电压、大电流伴随的汽化力、静电力、电磁力可毁坏重要的电气装置和建筑物及其他设施。

（4）大规模停电。电力设备或电力线路破坏可能导致大规模停电。

4．二次放电防护

为了防止二次放电，不论是空气中或地下，都必须保证接闪器、引下线、接地装置与邻近导体之间有足够的安全距离。在任何情况下，第一类防雷建筑物防止二次放电的最小距离为3m，第二类防雷建筑物防止二次放电的最小距离为2m，不能满足间距要求时应予跨接。

5．人身防雷

雷暴时，应尽量减少在户外或野外逗留；在户外或野外最好穿塑料等不浸水的雨衣；如有条件，可进入有宽大金属架或有防雷设施的建筑物、汽车或船只。

雷暴时，应尽量离开小山、小丘、隆起的小道，应尽量离开海滨、湖滨、河边、池塘旁，应尽量避开铁丝网、金属晒衣绳以及旗杆、烟囱、宝塔、孤独的树木附近，还应尽量离开没有防雷保护的小建筑物或其他设施。

雷暴时，在户内应离开照明线、动力线、电话线、广播线、收音机和电视机电源线、收音机和电视机天线以及与其相连接的各种金属设备。

2.2.4.2 防静电

1．静电的产生

接触起电，又称接触—分离起电，是最常见的静电起电方式之一。两种物体接触时，当其间距离小于 25×10^{-8}cm 时，将发生电子转移，并在分界面两侧出现大小相等、极性相反的两层电荷。当两种物体迅速分离时即可能产生静电。

静电的大小与物体表面处电介质的性质和状态，物体表面之间相互贴近的压力大小，物体表面之间相互摩擦的速度，物体周围介质的温度、湿度有关。

下列工艺过程比较容易产生和积累危险静电：

（1）固体物质大面积的摩擦。

（2）固体物质的粉碎、研磨过程；粉体物料的筛分、过滤、输送、干燥过程；悬浮粉尘的高速运动。

（3）在混合器中搅拌各种高电阻率物质。

（4）高电阻率液体在管道中高速流动、液体喷出管口、液体注入容器。

（5）液化气体、压缩气体与高压蒸气在管道中流动或由管口喷出时。

（6）穿化纤布料衣服、穿绝缘鞋的人员在操作、行走、起立等时。

2．静电的特点

（1）静电电压高。静电能量不大，但其电压很高，固体静电可达 20×10^{4}V 以上，液体静电和粉体静电可达数万伏，气体和蒸汽静电可达 10000V 以上，人体静电也可达 10000V 以上。

（2）静电泄漏慢。由于积累静电的材料的电阻率都很高，其上静电泄漏很慢。

（3）静电的影响因素多。静电的产生和积累受材质、杂质、物料特征、工艺设备（如几何形状、接触面积）和工艺参数（如作业速度）、湿度和温度、带电历程等因素的影响。由于静电的影响因素多，静电事故的随机性强。

3．静电的危害

工艺过程中产生的静电可能引起爆炸和火灾，也可能给人以电击，还可能妨碍生产。其中，爆炸和火灾是最大的危害和危险。

4．防止静电危害的措施

静电最为严重的危险是引起爆炸和火灾。因此，静电安全防护主要是对爆炸和火灾的防护。防止静电危害的措施主要有减少静电产生，防止摩擦带电和感应带电；加强静电消除，防止静积累和火花放电。这些措施对于防止静电电击和防止静电影响生产也是有效的。

2.3 信息安全

2.3.1 当前的形势与背景

党中央、国务院高度重视网络安全，坚定捍卫网络空间主权、保护关键信息基础设施、提升网络空间防护能力。2019 年，国务院国有资产监督管理委员会首次将网络安全纳入央企企业负责人经营业绩考核。随后，国家能源局发布网络安全三年规划和相关工作指导意见，进一步夯实安全责任、严肃网络安全问责。

2.3.2 信息安全的概念

信息安全包括两个方面。一方面是物理安全，指网络系统中各通信、计算机设备及相关设施受到物理保护，免于破坏、丢失等。另一方面则是逻辑安全，包含信息完整性、保密性以及可用性等。物理安全和逻辑安全都非常的重要，任何一方面没有保护的情况下，信息安全就会受到影响，因此，在进行安全保护时必须合理安排，同时顾全这两个方面。

2.3.3 网络与信息系统安全管理

网络与信息系统是指电力通信网及其承载的管理信息系统和电力二次系统。网络与信息系统安全防护目标是保障电力生产监控系统及电力调度数据网络的安全，保障管理信息系统及通信、网络的安全，落实信息系统生命周期全过程安全管理，实现信息安全可控、能控、在控。防范对电力二次系统、管理信息系统的恶意攻击及侵害，抵御内外部有组织的攻击，防止由于电力二次系统、管理信息系统的崩溃或瘫痪造成的电力系统事故。

加强员工信息安全管理，严格人员录用过程，与关键岗位员工签订保密协议，明确信息安全保密的内容和职责；切实加强员工信息安全培训工作，提高全员安全意识；及时终止离岗员工的所有访问权限。

对承担核心信息系统规划、研发、运维管理等关键岗位人员开展安全培训和考核，对系统运维关键岗位建立持证上岗制度，明确持证上岗要求。对关键岗位人员进行安全技能考核，将信息安全技能考核内容纳入安全工作规程考试。

加强对临时来访人员和常驻外包服务人员的信息安全管理。加强外来人员的出入登记和接待管理，严格控制外来人员活动区域。外来人员进入机房等重要区域，应办理审批登记手续并由相关管理人员全程陪同，相关操作必须有审计及监控。

2.3.4 办公计算机信息安全管理

（1）办公计算机、外设及软件安装情况要登记备案并定期进行核查，信息内外网办公计算机要明显标识。

（2）严禁办公计算机“一机两用”（同一台计算机既上信息内网，又上信息外网或互联网）。

（3）办公计算机不得安装、运行、使用与工作无关的软件，不得安装盗版软件。

（4）办公计算机要妥善保管，严禁将办公计算机带到与工作无关的场所。

（5）禁止开展移动协同办公业务。

（6）信息内网办公计算机不能配置、使用无线上网卡等无线设备，严禁通过电话拨号、无线等各种方式与信息外网和互联网络互联，应对信息内网办公计算机违规外连情况进行监控。

（7）办公区域内信息外网办公计算机应通过本单位统一互联网出口接入互联网；严禁将办公区域内信息外网办公计算机作为无线共享网络节点，为其他网络设备提供接入互联网服务，如通过随身 Wifi 等为手机等移动设备提供接入互联网服务。

（8）接入信息内外网的办公计算机 IP 地址由运行维护部门统一分配，并与办公计算机的 MAC 地址进行绑定。

（9）定期对办公计算机企业防病毒软件、木马防范软件的升级和使用情况进行检查，不得随意卸载统一安装的防病毒（木马）软件。

（10）定期对办公计算机补丁更新情况进行检查，确保补丁更新及时。

（11）定期检查办公计算机是否安装盗版办公软件。

（12）定期对办公计算机及应用系统口令设置情况进行检查，避免空口令、弱口令。

（13）采取措施对信息外网办公计算机的互联网访问情况进行记录，记录要可追溯，并保存6个月以上。

（14）采取数据保护与监管措施对存储于信息内网办公计算机的企业秘密信息、敏感信息进行加解密保护、水印保护、文件权限控制和外发控制，同时对文件的生成、存储、操作、传输、外发等各环节进行监管。

（15）加强对云终端安全防护，做好云终端用户数据信息访问控制，访问权限应由运行维护部门统一管理，避免信息泄露。

（16）采用保密检查工具定期对办公计算机和邮件收发中的信息是否涉及国家秘密和企业秘密的情况进行检查。

（17）加强对办公计算机桌面终端安全运行状态和数据级联状态的监管，确保运行状态正常和数据级联贯通，按照相关要求及时上报运行指标数据。

（18）加强数据接口规范，严禁修改、替换或阻拦防病毒（木马）、桌面终端管理等报送监控数据接口程序。

2.4 交通安全

2.4.1 道路交通事故

2.4.1.1 定义

依据《中华人民共和国道路交通安全法》规定，交通事故是指车辆在道路上因过错或者意外造成的人身伤亡或者财产损失的事件。构成道路交通事故的6大要素分别是：①必须由车辆造成，行人之间的碰撞不属于道路交通事故；②必须在《中华人民共和国道路交通安全法》规定的道路上，《中华人民共和国道路交通安全法》规定的道路外不属于道路交通事故；③必须在运动中，停车场等地静止中的事故不属于道路交通事故；④发生的事态必须是碰撞、碾压、刮擦、翻车、坠车、爆炸、失火等现象，行人、旅客因疾病等引起病、亡不属于道路交通事故；⑤必须造成伤亡或财物损失，事故无后果就不形成道路交通事故；⑥必须是过错或者意外，如故意则将构成其他犯罪，不属于道路交通事故。

2.4.1.2　分类

对交通事故进行分类，有助于研究和分析事故，查找事故原因，认定事故的责任，作出事故的正确处理，提出有效的防范措施。由于分析的角度、方法和要求不同，交通事故的分类也多种多样，可以根据性质、责任、情节、后果来分，也可以根据事故形态、对象、原因等来分。

1．按结果分

（1）轻微事故，是指一次造成轻伤 1～2 人，或者财产损失机动车事故不足 1000 元，非机动车事故不足 200 元的事故。

（2）一般事故，是指一次造成重伤 1～2 人，或者轻伤 3 人以上，或者财产损失不足 3 万元的事故。

（3）重大事故，是指一次造成死亡 1～2 人，或者重伤 3 人以上 10 人以下，或者财产损失 3 万元以上 6 万元以下的事故。

（4）特大事故，是指一次造成死亡 3 人以上，或者重伤 11 人以上，或者死亡 1 人，同时重伤 8 人以上，或者死亡 2 人，同时重伤 5 人以上，或者财产损失 6 万元以上的事故。

2．按责任分

交通事故按责任可以分为全责（100%）、同责（50%）、主责（60%～90%）、次责（10%～40%）和无责事故。

3．按事故原因分

交通事故按事故原因可以分为主观原因造成的事故和客观原因造成的事故两类。

主观原因是指造成交通事故的当事人本身内在的因素，如主观过失或有意违章，主要表现为违反规定、疏忽大意和操作不当等。客观原因是指车辆、环境、道路方面的不利因素引发了交通事故。客观原因在某些情况下往往诱发交通事故，特别是道路、环境、气候方面的因素。绝大多数交通事故都是因当事人的主观原因造成的，客观原因占的比例较少。

2.4.2 造成道路交通事故的原因

交通事故的发生有众多因素，涉及面广，且错综复杂。但归纳起来主要有人、车、路及环境3个方面。

1．人

在交通事故的3个主要因素中，人的因素最为重要，其中的人包括以驾驶人为主的各种交通行为参与人。

2．车

车辆机械故障引起的交通事故，其实质是人为的责任事故。只要驾驶人在平时，尤其是出车前、行驶中、回场后认真检查和维护好车辆，发现隐患及时排除，不带故障出车，一定能杜绝各类机械事故的发生。

3．路及环境

道路本身直接影响行车安全，驾驶员应充分了解和应对道路功能可能出现的缺损，给安全行车带来各种威胁，并提前做好各种思想准备和防范措施。

环境条件也能直接影响行车安全，驾驶员应正确面对和妥善处置这些客观因素。影响行车安全的环境条件主要包括：

（1）气候因素，如雨、雾、冰、雪、风、沙、洪水、光、温度等。

（2）路外环境，如路外违章建筑，噪声，路边山崖、沟渠、深水等危险环境，树枝、树叶等，架空线、杆、广告等设施。

2.4.3 电网企业的道路交通安全

2.4.3.1 电网企业道路交通安全的特点

电网企业的担负着全社会供用电服务，其工作的特殊性，服务的普遍性、广泛性，决定了电网企业的道路交通安全具有以下特点：

（1）车辆种类多。随着社会、经济的快速发展，电网企业内部分工进一步细化，带电作业车、高空作业车、发电车、照明车、起重车，各种试验车、计量车、供电服务车、抢修作业车等特种车辆，以及载货车、工程车、各类型客车等，成为电网企业主要的交通运输和作业服务必不可少的工具。

（2）车辆数量多。随着企业规模的扩大，服务要求的提高，工作条件的改善，在电网企业，车辆每个供电所和生产班组都配置了不同数量的车辆，据初步统计，电网企业平均每百人拥有车辆15～20辆。一个县供电公司配置的各种车辆基本有100～200辆。如此巨大数量的车辆，在方便企业生产服务的同时，也给企业道路交通安全带来了巨大的压力。

（3）车辆分散使用。电网企业为了方便生产与服务，车辆基本上是按照供电所、变电运维站、检修和施工部门等生产、营销服务的班组配置使用，分散使用使管理存在较大的难度。

（4）出车量大。除特种车辆外，一般的生产服务和管理车辆，单车行驶里程多，年平均行驶里程在10万km左右。

（5）驾驶员流动性大。随着电网企业内部用工改革，交通运输服务由本企业为主，向社会化服务转变，驾驶员队伍由员工为主，变为由车辆服务机构外聘，造成了电网企业道路交通管理机构和管理人员缩减，加之外聘驾驶员缺乏归属感，导致人员流动性大，整体素质不高。

2.4.3.2　电网企业对道路交通事故的预防

1．加强对道路交通安全工作重要性的认识

搞好电网企业道路交通安全管理，首要任务是树立“安全第一，预防为主，综合治理”的意识。尽管电网企业任务繁重，生产压力大，工作千头万绪，但是保证安全生产，重视交通安全的基础性工作容不得半点疏忽大意，必须从根本上全员、全面、全方位地培育安全意识。电网企业各级领导更要明确道路交通安全是电网企业安全的重要组成部分，做到道路交通安全与电网安全同布置、同检查、同考核。时刻保持清醒认识，道路交通安全来不得半点马虎。历年来电网企业道路交通安全事故都是造成电网企业人身伤亡事故的主要因素。因此，搞好企业的交通安全管理工作，使交通事故处于可控、能控、在控状态，是全面实现电网建设、安全运行和优质服务目标的基础和保证。

2．车辆的安全检查

对各类机动车辆的检查和维护，应保障车辆安全技术状况良好，符合《机动车运行安全技术条件》（GB 7258—2017）要求。特别是要检查制动、方向、灯光、喇叭、雨刷器、悬挂系统等直接危及行车安全的系统、部件，发现隐患立即排除，不带故障出车。要求驾驶员进行出车前、行驶中、回库后的检查和定期检查维护工作，做到状态检修消缺与预见性检查维护相结合，同时及时根据累计行驶里程和运行时间对车况进行评估，及时安排整车或专项深度恢复，确保车况受控。管理部门经常开展定期检查和突击抽查，促使广大驾驶人员自觉地做好各项车辆维护和保养工作，有效地杜绝各类机械事故的发生。

3．车辆的运行监控

建设车辆GPS管理平台，在车辆上安装GPS，实时监控车辆运行状况，对违章超速、不按规定路线行驶等违章行为及时查处。实践证明，通过运用科技信息手段，强化监督考核，完善行车记录，有效地加强了运行车辆的“零距离”管理，规范了驾驶员的驾车行为，促进了交通运输安全。

4．行车危险点预控

由于季节不同，气候条件差异较大，对车辆行驶要求不尽相同。据统计，恶劣气候环境条件下发生道路交通事故的概率比平常高出许多，而且此类交通事故性质都比较严重，所以驾驶人不但要遵守交通法规，而且要熟悉恶劣气候环境对驾驶的影响并掌握相应的措施，保证在面对恶劣气候环境时有驾驭各种局面的本领。因此，对恶劣气候环境要高度重视，必须根据恶劣气候环境，有针对性地做好预防措施，从而确保行车安全。

根据以往经验，做好以下情况的行车安全防范是电网企业防范交通事故的重点，需制定相应的防范措施，并使每个驾驶员牢记和掌握：

（1）冰雪天。冰雪天路面滑，地面附着力下降，车辆的制动、操控性和稳定性都大幅下降，容易发生侧滑、翻车、追尾、碰擦等事故。

（2）雨雾天。雨天驾驶时视线不良，路面附着系数低，雷雨时会对车辆和车上人员造成雷击威胁；雾天能见度差，特别是浓雾时会严重影响视线，危及行车安全。容易发生追尾、碰擦等事故。

（3）台风天。台风天最明显的特征是狂风暴雨，路面积水，给车辆操纵稳定性带来极大危险，此时，人、车、物体都随时会发生不确定因素。同时，台风期间也是电力抢修繁忙的时候，出车频繁，容易出现疲劳驾驶，发生侧滑、翻车、追尾、碰擦、车辆进水损坏发动机等事故。

（4）春夏天。春暖花开，夏日炎炎，人们在此气候条件下行车极易产生“春困”和“夏乏”，也是春夏发生交通事故多发的主要原因。同时，夏季也是用电高峰，事故抢险频繁，也提高了出车频率，容易出现疲劳驾驶；另外，车辆长时间开空调、车辆线路老化、外裸过载等，也容易引发车辆自燃事故。

（5）山区和泥泞道路。山区道路崎岖狭窄，道路状况复杂，如遇雨雪天，道路泥泞，极易造成车辆侧滑和翻车事故。

（6）吊装作业。超载起吊，物件绑扎不牢固，吊车不平稳或支腿不对称，在带电区域、变电站内工作，未按规定挂好车用接地线或吊臂与带电体的安全距离不足等容易引发吊车倾覆、吊物砸人、触电等事故。

2.4.3.3 道路交通事故的处置

1．驾车遇到险情时紧急处置的原则

当驾驶员在驾车途中遇到交通险情时，应当依照以下 6 条原则进行紧急处置：

（1）遇险情，要冷静。驾驶员在驾车途中遇到交通险情时，无论遇到任何一种险情，都必须保持清醒的头脑，及时正确地辨明情况，采取准确无误的避让措施，万不可惊慌失措。慌乱之中，容易操作失当，加剧险情，导致交通事故的发生。

（2）宁损物，不伤人。人的生命是最为宝贵的，不让他人的生命安全受到伤害，是每个驾驶员所必须具备的职业道德。当驾驶员在驾车途中遇到交通险情时，应当首先考虑不让他人受伤害。当人员、物资、车辆同时遭到险情的威胁时，应采取宁损车物不伤人的原则。

（3）就轻损，避重害。机动车在道路行驶中遇到险情必须紧急处置时，发现将有几方面同时受到危害时，应根据刑法中的关于紧急避险的规定，选择向事故损害最轻的方面避让，力争将人员伤亡和财物损失降到最低限度。

（4）措施准，动作稳。驾驶员在驾车途中遇到交通险情时，采取的避险措施应准确无误，不能犹豫不决，拖泥带水，每个动作都要力求一次到位。因为险情造成的时间是十分短暂的，没有回旋的余地。只有靠精确、果敢、稳妥的避险措施，才能有效地避免或减少事故的伤害。

（5）先方向，后制动。机动车在道路行驶中遇到险情，不能盲目地先踩制动踏板。因为车辆在行驶中有较大的惯性或离心力，尤其是弯道、雨雪天，如果立即猛踩制动踏板，车辆容易横滑或侧翻。应在准确判明险情的基础上，立即松油门减速，同时打方向避开危险点，再采取相应的制动措施。

（6）先他人，后自己。机动车在道路行驶中遇到险情时，每个驾驶员都应该首先想到把安全让给别人，将危险留给自己，这是所有机动车驾驶员都应具备的思想素质。无论遇到何种情况，都应先顾及他人的生命安全，不可擅离职守，更不能为了保全自己而置他人的安危于不顾。特别是在市镇街区、人口稠密地段发现机动车着火以及可能爆炸的危险时刻，驾驶员必须具有自我牺牲的精神，迅速将车辆开至空旷开阔的地方，以避免更大范围和规模的伤害。

2．道路交通事故发生后的现场处理程序

（1）发生交通事故后，驾驶员和企业随车人员应头脑冷静，立即报警。

（2）保护现场，在来车方向设置警告标志。在高速公路上，应当在事故车来车方向150m以外设置警告标志。

（3）要积极抢救伤员，移动伤员和一些有事故分析价值的物品时，要做上一些标记。

（4）车上人员应当迅速转移到右侧路肩、紧急停车带或者应急车道内。

（5）要尽快报告本单位领导和有关人员。

（6）要及时报告本车投保的保险公司，告知本车号码信息、出险的具体地点、时间、事故大致情况等。

（7）认真配合公安交通管理机关的调查和询问。

2.4.3.4 典型案例：槽罐车爆炸事故

1．简要经过

2020 年 6 月 13 日 16 时 40 分左右，位于 G15 沈海高速温岭市大溪镇良山村附近高速公路上，一辆液化石油气槽罐车发生爆炸，引发周边民房及厂房倒塌，事故致 20 人死亡，24 人伤重，172 人住院治疗。

2．暴露问题

（1）部分危化品运输从业人员资质不全，专业水平良莠不齐。

（2）源头管理存在严重漏洞。

3．防范措施

（1）对待道路交通事故预防工作，必须深入、准确把握事故发生规律特点，建立健全长效管理机制，从道路交通安全的各个层面、各个环节进行全方面管理，主动出击，压紧压实责任。

（2）立即开展危化品道路运输交通违法集中整治，做到强化源头监管、违法查处、科技监管、宣传攻势、协同共治、应急处置“六个强化”。

（3）继续开展好道路交通事故预防“减量控大”八大提升工程。

（4）对低驾龄段驾驶员，要加大宣传教育力度，把好准入关；对严重交通违法，不心慈手软，不降格、免分处理，对醉驾等易肇事肇祸的交通违法，一律依法“顶格”处理；对普通公路较大事故多发的问题，要找准规律特点，有针对性地开展整治；对重型货车的管理，要坚持依法严罚重处。

（5）各级公安部门进一步加大“三零”创建工作力度，加强组织领导，层层压实责任，深入分析研判，推动工作落实，强化督促检查，完善动态管理。

2.5 危险化学品

2.5.1 危险化学品的定义及安全监管特点

2.5.1.1 危险化学品的定义

危险化学品是指具有毒害、腐蚀、爆炸、燃烧、助燃等性质，对人体、设施、环境具有危害的剧毒化学品和其他化学品。

2.5.1.2　危险化学品安全监管的特点

（1）涉及行业领域多、分布范围广。按照《国民经济行业分类》（GB/T 4754—2017）列出的行业，96 个行业大类中，68 个涉及危险化学品，占比 70.8%。

（2）监管链条长、环节多，涉及的部门多。

（3）安全管理法律和标准体系复杂，形成了相互交织的复杂制度体系。

2.5.2　危险化学品分类及危害

依据联合国出版的《全球化学品统一分类和标签制度》（简称 GHS 制度）和国家质量技术监督局发布的《化学品分类和危险性公示　通则》（GB 13690—2009），本书将危险化学品分为 3 大类，27 个种类（较 GHS 少 1 类）。危险形象图如表 2-4 所示。

表 2-4　　**危 险 形 象 图**

序号	危险形象图	危险性类别
1		爆炸物，类别 1～3； 自反应物质，A、B 型； 有机过氧化物，A、B 型
2		压力下气体
3		氧化性气体； 氧化性液体； 氧化性固体
4		易燃气体，类别 1； 易燃气溶胶； 易燃液体，类别 1～3； 易燃固体； 自反应物质，B～F 型； 自热物质； 自燃液体； 自燃物体； 有机过氧化物，B～F 型； 遇水放出易燃气体的物质

续表

序号	危险形象图	危险性类别
5		金属腐蚀物； 皮肤腐蚀/刺激，类别 1； 严重眼损伤/眼睛刺激，类别 1
6		急性毒性，类别 1～3
7		急性毒性，类别 4； 皮肤腐蚀/刺激，类别 2； 严重眼损伤/眼睛刺激，类别 2A； 皮肤过敏
8		呼吸过敏； 生殖细胞突变性； 致癌性； 生殖毒性； 特异性靶器官系统毒性一次接触； 特异性靶器官系统毒性反复接触； 吸入危害
9		对水环境的危害，急性类别 1，慢性类别 1、2

2.5.3 危险化学品的安全管理

危险化学品安全管理应坚持“安全第一、预防为主、综合治理”的方针，按照“管业务必须管安全、管行业必须管安全、管生产必须管安全”“谁主管谁负责、谁使用谁负责”的原则，建立健全危险化学品安全管理责任体系，强化和落实危险化学品生产、使用、经营、运输、储存、废弃处置单位（简称危险化学品单位）主体责任、专业管理部门管理责任和安全监督部门监督责任。

2020 年 2 月 26 日，中共中央办公厅、国务院办公厅印发了《关于全面加强危险化学品安全生产工作的意见》。2020 年 8 月 7 日，国家能源局下发了《关于加强电力行业危化品储存等安全防范工作的通知》。国网公司的“专项整治三年行动”也制定了“危险化学品安全整治”专项。

2.6 电力设施保护

2.6.1 电力设施保护的重要性

电力工业是国民经济的重要基础产业，电力设施是电能生产、输送、供应的载体，是重要的社会公用设施，电力设施安全保护是保障供用电安全和维护社会公共安全的重要内容。国家相继出台了《中华人民共和国电力法》《电力设施保护条例》《电力设施保护条例实施细则》等法律法规，江苏省也出台了《江苏省电力条例》，为电力设施保护工作提供了法律依据。

外力破坏电力设施事件对电网安全可靠供电威胁极大，其破坏力涉及面广。由于各行各业对电力的依存度不断提高，突发停电事件对社会稳定、经济发展和人民生活造成危害的程度越来越高。任何单位、个人过失损害或故意破坏电力设施，不但要承担巨额经济赔偿，而且要负相应的法律责任，甚至会付出生命的代价。因此，掌握电力设施保护知识，保护电力设施安全，不但事关电网安全稳定运行，而且事关个人生命财产安全、事关地方经济发展和社会稳定大局。

2.6.2 电力设施保护的定义

电力设施保护是指为防止输电、变电、配电、水电、通信等设施及有关辅助设施发生外力破坏所开展的工作。保护范围包括处于运行、备用、检修、停用和正在建设的电力设施。

任何单位和个人不得有下列危害电力设施的行为：

（1）在发电厂、变电站围墙外缘300m和架空电力线路导线两侧各300m范围内，放飞风筝或者其他空中漂移物以及未采取固定措施敷设塑料薄膜、彩钢瓦等遮盖物。

（2）在架空电力线路保护区内搭建临时设施；围建、侵占电力设施，或者垂钓，组织、经营垂钓活动。

（3）在火力发电设施水工建筑物周围100m的水域内游泳、划船，以及捕鱼、炸鱼等其他可能危及水工建筑物安全行为。

（4）在电力设施保护区内燃放烟花爆竹或者堆放易燃易爆物品。

（5）在电缆竖井、电缆沟道中堆放杂物、易燃易爆物品或者倾倒垃圾，擅自在电缆沟道中施放各类缆线。

（6）排放导电性粉尘、腐蚀性气体等造成电力设施损害。

（7）堆砌、填埋、取土导致电力设施埋设深度改变，或者在架空电力线路下堆砌物体、抬高地面高程、增加建筑物（构筑物）高度导致安全距离不足。

（8）擅自打开或者损坏电力设施箱门、电缆盖板、井盖。

（9）破坏、侵入电力工控系统网络、电力信息网络，干扰信息网络正常功能，窃取、泄露电力企业和用户网络数据。

（10）擅自攀爬电力设施，或者擅自在架空电力杆、塔等电力设施上搭挂各类缆线、广告牌等外挂装置。

（11）以封堵、拆卸等方式破坏与电力生产运行有关的供水、排水、供电、供气、通道等设施。

（12）法律、法规禁止危害电力设施的其他行为。

电力设施保护区范围内不得放飞无人机。因农业、水利、交通、环保、测绘等作业需要放飞无人机的，应当征得电力设施所有人、管理人同意，并采取相应安全措施。

2.6.3 电力设施保护的重要内容

（1）在电力线路保护区内进行打桩、钻探、开挖等可能危及电力线路设施安全的作业，或者起重、升降机械进入架空电力线路保护区内作业，或者在电力设施周围500m水平距离范围内进行爆破作业的，应当经设区的市、县（市、区）电力行政管理部门批准，并采取安全措施后方可进行。

（2）在电力线路保护区内，已有的经过修剪的植物经自然生长后可能危及电力设施安全的，所有人或者管理人应当及时修剪。所有人或者管理人经电力企业通知后在合理期限内仍未修剪的，电力企业可以进行修剪，并不补偿修剪植物的相关费用。

（3）在自然灾害等不可抗力及其他紧急情况下，对可能危及电力设施安全的植物，经所有人或者管理人采取其他措施仍不足以消除安全隐患的，电力企业可以修剪或者砍伐。事后电力企业应当及时将采伐情况报林业或者城市绿化主管部门备案。涉及古树名木和其他濒危、稀有植物的，应当按照法律、法规的有关规定执行。

（4）铁路、公路、港口、航道（水道）等经营管理单位应当与电力企业共同推进铁路线路安全保护区、公路建筑控制区、港口、航道（水道）保护区等和电力设施保护区重叠范围内的地下管沟或者管廊建设和应用，最大限度减少高空交叉跨越，保障交通、电力等基础设施安全。

（5）任何单位和个人不得妨碍、阻止电力设施所有人和管理人对电力设施进行巡查、维护、抢修。

（6）因维护、抢修电力设施需要利用相邻不动产的，相邻不动产所有权人、管理人应当支持和配合。维护、抢修电力设施应当尽可能避免对相邻不动产造成损害；造成损害的，应当及时修复或者依法给予补偿。

2.6.4 电力设施保护的相关要求

电力设施保护工作贯彻“预防为主，综合治理”的原则。通过建立有序的组织结构和工作秩序，加强设备巡视检查，做到电力设施外部隐患风险的预先管控；通过集中排查安全隐患、签订安全协议、落实防护措施、加强宣传培训、增强政企合作等手段实现电力设施保护综合治理。

电力设施保护是安全生产工作的重要组成部分，应纳入各单位安全生产的保障体系和监督体系，并与生产、建设、经营工作同计划、同布置、同检查、同考核。

（1）明确职责分工。明确本单位电力设施保护工作的归口管理部门，具体负责本专业电力设施保护工作。

（2）加强组织管理。各单位应建立层次清晰、分工明确的电力设施保护组织体系。成立由主管领导任组长、相关部门负责人为成员的电力设施保护领导小组，下设由归口管理部门负责人任组长、其他相关部门相关人员为成员的工作组，设施管理单位应将电力设施保护职责落实到班组一线人员。各单位应建立政府职能部门、供电企业、社会群众联防合作和部门联动、专业管理、属地保护相结合的工作机制，切实落实电力设施保护工作责任。各单位应划分电力设施保护责任区段，落实责任人，开展电力设施保护巡视检查、隐患排查治理和监督检查。充分发挥属地公司地域优势，积极推行电力设施通道防护属地化管理。

（3）建立预警机制。各单位应建立防止外力破坏电力设施的预警机制，通过研究和分析，总结电力设施保护工作规律，做到防范关口前移，提高防范工作的预见性。

（4）完善技术措施。各单位应制定并不断完善本专业电力设施保护的技术措施，设施管理单位应根据实际情况采取相应的防范措施。

本章小结

安而不忘危，治而不忘乱。作业现场和作业人员的基本知识、电气安全、信息安全、交通安全、危险化学品、电力设施保护等公共安全知识的学习，有利于提升电力生产工作人员的公共安全意识、知识和技能，能够有效避免不必要的危险，也能使电力生产工作人员在遇到危险时及时有效应对，减少伤亡。

第3章 通用安全技能

本章概要

每一位电力工作人员都必须掌握与自身岗位息息相关的安全知识和安全技能，清楚自己在工作中可能面临什么样的安全事故、明白在不同的安全事故中相应的安全技能是避免安全事故发生的关键。通用安全技能基于电力工作者在实际工作中可能发生的安全事故，从高处作业、动火作业等多种不同作业环境以及工作中遇到的实际问题出发，提高安全生产工作人员的自我防护能力，掌握安全生产所必需的基础操作技能，避免电力安全事故。

3.1 高处作业

高处作业充满了危险性，所以各行各业均对高处作业制定了相关的安全工作规程。学习高处作业安全规程，掌握必要的防护技术和安全措施，是每一个高处作业人员的责任。

3.1.1 高处作业相关术语

（1）高处作业。凡在坠落高度基准面 2m 及以上有可能坠落的高处进行的作业均称为高处作业。

（2）坠落高度基准面。通过可能坠落范围内最低处的水平面称为坠落高度基准面。

（3）可能坠落范围。以作业位置为中心，可能坠落范围半径为半径划成的与水平面垂直的柱形空间称为可能坠落范围。

（4）可能坠落范围半径 R。为确定可能坠落范围而规定的相对于作业位置的一段水平距离称为可能坠落范围半径。可能坠落范围半径大小取决于与作业现场的地形、地势或建筑物分布等有关的基础高度，具体的规定是在统计分析了许多高处坠落事故案例的基础上作出的。不同高度的可能坠落范围半径如表 3-1 所示。

表 3-1　　不同高度的可能坠落范围半径　　（m）

作业位置至其底部的垂直距离	2～5	5～15	15～30	＞30
可能坠落范围半径	3	4	5	6

（5）基础高度 h_b。以作业位置为中心，6m 为半径，划出一个垂直水平面的柱形空间，此柱形空间内最低处与作业位置间的高度差称为基础高度。

（6）高处作业高度 h_w。作业区各作业位置至相应坠落高度基准面的垂直距离中的最大值，称为该作业区的高处作业高度，简称作业高度。

3.1.2 高处作业的基本要求

3.1.2.1 维持工作位置

应利用防护装置维持作业人员在高处工作时的作业位置，防止其下跌。在高处作业场所，可通过设置作业平台或用安全网等器材在作业区设置临时作业平台，这样可保证作业人员在工作时始终处于作业区域，避免可能发生的坠落。设置安全作业平台不仅能防止作业人员坠落，还能消除作业人员可能存在的高处作业恐惧感。但安全作业平台往往会因为工程的施工时间、作业性质和成本效益等不具有实施的可行性。

3.1.2.2 限制移动

限制移动是利用防护装置限制作业人员的活动范围，防止其下跌。在高处作业场所，可通过一根固定安全绳将作业人员与钢制的水平安全绳（或固定点）连接在一起。这样可保证作业人员在工作时避免进入有可能发生坠落的区域，此时不仅能防止作业人员坠落，还能让作业人员腾出本该去维持身体平衡的手进行其他操作，既保障作业人员从事高处作业时的安全性又可提高工作效率，是一种高处作业安全性及可行性较好的选择。

3.1.2.3 利用防护装备

利用防护装备保护作业人员在高处工作时的活动过程，防止其下跌。输电线路杆塔一般情况下都没有安全作业平台，高处作业人员必须配备个人防护装备确保自身的安全。

3.1.3 高处作业的安全要求

在电力生产和建设中，为保障高处作业安全制定了相关的规定，在作业现场常规要求基础上，对高处作业人员、工作条件等提出了下列安全要求。

3.1.3.1 健康条件

凡参加高处作业的人员，应每年进行一次体检。患有心脏病、高血压、癫痫病、精神病、聋哑等都不得从事高处作业，经体检合格者才能参加高处作业。

3.1.3.2 安全措施

高处作业均应先搭设脚手架，使用高空作业车、升降平台或采取其他防止坠落措施后方可进行。在屋顶以及其他危险的边沿进行工作，临空一面应装设安全网或防护栏杆，否则，作业人员应使用安全带。在没有脚手架或者在没有栏杆的脚手架上工作，高度超过1.5m时，应使用安全带，或采取其他可靠的安全措施。

3.1.3.3 工具使用

安全带和专作固定安全带的绳索在使用前应进行外观检查。安全带应定期抽查检验，不合格的不准使用。在电焊作业或其他有火花、熔融源等的场所使用的安全带或安全绳应有隔热防磨套。安全带的挂钩或绳子应挂在结实牢固的构件上，或专为挂安全带用的钢丝绳上，并应采用高挂低用的方式。禁止挂在移动或不牢固的物件上（如隔离开关、支持绝缘子、CVT绝缘子、母线支柱绝缘子、避雷器支柱绝缘子等）。

高处作业使用的脚手架应经验收合格后方可使用。上下脚手架应走斜道或梯子，作业人员不准沿脚手杆或栏杆等攀爬。梯子应坚固完整，有防滑措施。梯子的支柱应能承受作业人员及所携带的工具、材料攀登时的总质量。硬质梯子的横档应嵌在支柱上，梯阶的距离不应大于40cm，并在距梯顶1m处设限高标志。使用单梯工作时，梯与地面的斜角度约为60°。梯子不宜绑接使用。人字梯应有限制开度的措施。人在梯子上时，禁止移动梯子。

高处作业应一律使用工具袋。较大工具应用绳拴在牢固构件上，工件、边角余料应放置在牢靠的地方或用铁丝扣牢并有防止坠落的措施，不准随便乱放，以防止从高空坠落发生事故。禁止将工具及材料上下投掷，应用绳索拴牢传递，以免打伤下方作业人员或击毁脚手架。

3.1.3.4 过程要求

高处作业人员在作业过程中，应随时检查安全带是否拴牢。高处作业人员在转移作业位置时不得失去安全保护。在进行高处作业时，除有关人员外，不准他人在工作地点的下面通行或逗留，工作地点下面应有围栏或装设其他保护装置，防止落物伤人。如在格栅式的平台上工作，为了防止工具和器材掉落，应采取有效隔离措施，如铺设木板等。利用高空作业车、带电作业车、叉车、高处作业平台等进行高处作业时，高处作业平台应处于稳定状态，需要移动车辆时，作业平台上不得载人。

在电杆上进行作业前应检查电杆及拉线埋设是否牢固，强度是否足够，并应选用适合杆型的脚扣，系好安全带，在构架及电杆作业时，地面应有专人监护、联络。使用软梯、挂梯作业或用梯头进行移动作业时，软梯、挂梯或梯头上只准一人工作。工作人员到达梯头上进行工作和梯头开始移动前，应将梯头的封口可靠封闭，否则应使用保护绳防止梯头脱钩。

阀体工作使用升降车上下时，升降车应可靠接地，在升降车上应使用安全帽，正确使用安全带，进入阀体前，应取下安全帽和安全带上的保险钩，防止金属打击造成元件、光缆的损坏，但应注意防止高处坠落。阀体工作不得坐在阀体工作层的边缘，以防高空坠落。

3.1.3.5 工作环境

在坝顶、陡坡、屋顶、悬崖、杆塔、吊桥以及其他危险的边沿进行工作，临空一面应装设安全网或防护栏杆，否则，工作人员应使用安全带。峭壁、陡坡的场地或人行道上的冰雪、碎石、泥土应经常清理，靠外面一侧应设1050～1200mm高的栏杆。在栏杆内侧设180mm高的侧板，以防坠物伤人。高处作业区周围的孔洞、沟道等应设盖板、安全网或围栏并有固定其位置的措施。同时，应设置安全标志，夜间还应设红灯示警。

高处作业使用的脚手架应经验收合格后方可使用。上下脚手架应走坡道或梯子，作业人员不准沿脚手杆或栏杆等攀爬。高处作业的平台、走道、斜道等应装设1000mm高的防护栏杆和180mm高挡脚板。当临时高处行走区域不能装设防护栏杆时，应设置1050mm高的安全水平扶绳，且每隔2m应设一个固定支撑点。在夜间或光线不足的地方进行高处作业，应安装足够的照明。钢管杆塔、30m以上杆塔和220kV及以上线路杆塔宜设置防止作业人员上下杆塔和杆塔上水平移动的防坠安全保护装置，上述新建线路杆塔必须装设。

3.1.3.6 气候条件

低温或高温环境下进行高处作业，应采取保暖和防暑降温措施，作业时间不宜过长。如气温低于－10℃进行露天高处作业时，在施工场所附近应设取暖休息室；气温高于35℃进行露天高处作业时，在施工集中区域应设凉棚并配备适当的防暑降温设施和饮料。如遇有5级及以上大风以及暴雨、雷电、冰雹、大雾、沙尘等恶劣天气时，应停止露天高处作业。特殊情况下，确需在恶劣天气进行抢修时，应组织人员充分讨论必要的安全措施，经本单位分管生产的领导（总工程师）批准后方可进行。在霜冻或雨天进行露天高处作业时，应采取防滑措施。

3.1.3.7 休息制度

高处作业人员休息不得坐在平台、孔洞边缘。不得骑坐在栏杆上或躺在走道板、安全网内休息。高处作业人员必须有足够的休息时间。

实践证明，在高处作业中，切实注意并采取有效的安全措施，高处作业事故是可以避免的。

3.1.4 典型案例：高处坠落事故

3.1.4.1 简要经过

2013年7月12日中午，上海某机械安装有限公司组织人员，在位于大连甘井子区泉水的起重机安装现场进行卸船机安装作业过程中，安装工姜某在没有采取防止坠落的安全措施情况下，擅自爬上卸船机主梁上方，欲调整司机室位置，不慎从主梁上坠落到地面摔伤，后被立即送往医院救治，经抢救无效于当日死亡。

3.1.4.2 事故原因

（1）安装工姜某安全意识淡薄，违反“吊物悬空时，不允许登上吊物”以及登高作业时应“捆扎好安全带，并应系在牢固的结构架上或专设的绳索上”的规定，通过主梁冒险登上悬空的司机室，且在没有采取将安全带固定在结构架上的安全措施的情况下，调整司机室位置，因在拖拽手拉葫芦时造成封固钢丝绳松脱，司机室发生滑动，导致其从45m高处坠落，是造成事故发生的直接原因，也是主要原因。

（2）吊装现场负责人陈某，未按照工艺要求选取钢丝绳，造成两侧吊装钢丝绳相差3.3m，导致主梁起吊时偏斜7°，违反了《起重作业安全操作规程》中关于“歪、拉、斜挂不吊”的规定，导致司机室封固钢丝绳松脱后受重力沿倾斜角度快速下滑，将没有采取安全措施的姜某晃倒而坠落，是造成事故发生的间接原因。

（3）现场负责人周某，对高处作业人员的安全教育和采取的预防措施不到位，对高处作业过程中的风险认识不足，没有及时发现高处作业人员在没有将安全带固定在结构架上不具备安全条件的情况下作业，未能负起现场监管的职责，在执行起重作业、高处作业前“三检”等相关管理制度上存在不足，是造成事故发生的又一间接原因。

3.1.4.3 防范措施

（1）对从事高处作业人员要坚持开展经常性安全教育和安全技术培训，使其认识掌握高处坠落事故规律和事故危害，牢固树立安全意识，掌握预防、控制事故能力，并做到严格执行安全操作规程。

（2）企业从车间到班组都应健全完善岗位安全生产责任制，并制定切实可行的安全考核制度，形成自上而下，从点到面、没有空白点的安全网络体系。

（3）高处作业防护措施一定要做到全面具体。且高处作业人员的着装和身体条件要符合相关要求。

（4）企业施工现场的监督检查不能流于形式。当发现违章作业行为，要加以制止并达到安全要求后方可允许作业，从而减少事故发生。

3.2 动火作业

在工作现场进行动火作业，存在很大的安全风险。根据《国家电网有限公司电力建设安全工作规程　第1部分：变电》（Q/GDW 11957.1—2020）、《国家电网有限公司电力建设安全工作规程　第2部分：线路》（Q/GDW 11957.2—2020）和《电力设备典型消防规程》（DL 5027—2015）等有关规定，为确保安全，凡需在防火重点部位或场所以及禁止明火区动用明火作业时，必须执行动火工作票管理规定。

3.2.1 动火作业安全要求

动火作业指在禁火区域进行焊接与切割作业，以及在易燃易爆场所使用喷灯、电钻、砂轮等进行可能产生火焰、火花和炽热表面的临时性作业。

在防火重点部位或场所以及禁止明火区动火作业，应填用动火工作票。在一级动火区动火作业，应填用一级动火工作票。在二级动火区动火作业，应填用二级动火工作票。

3.2.2 动火工作安全管理实施细则

3.2.2.1 动火级别的划定

（1）一级动火区是指火灾危险性很大，发生火灾时后果很严重的部位或场所：

1）危险品库及危险品存放场所（氧气、乙炔、汽油、油漆、液化气等易燃易爆物品存放场所）；

2）35kV 及以上的变压器及注油设备（变压器、高压电抗器、电压互感器、电流互感器）（在变压器本体以及散热器、管道、储油柜等附件上进行动火工作）；

3）铅酸蓄电池室；

4）动火工作签发人、动火工作负责人根据现场实际情况认为其他需要纳入一级动火的部位。

（2）二级动火区是指一级动火范围以外的所有防火重点部位或场所以及禁止明火区：

1）电缆沟道（竖井）内、电缆隧道内、电缆夹层、调度室、调度机房、控制室、通信机房、电子设备间、计算机机房、档案室；

2）变电站内除一级动火范围外的区域；

3）各单位本部电力调度大楼等建筑高度超过 24m 的建筑物；

4）35kV 以下油浸式变压器周边；

5）已投运高、低压配电房；

6）动火工作签发人、动火工作负责人根据现场实际情况认为其他需要纳入二级动火管理的部位。

3.2.2.2 动火工作相关人员要求

1．动火工作票所列人员的基本条件和资格认定

（1）一、二级动火工作票签发人应由有关单位负责人、专职或有关班组的班长、技术员担任。

（2）在变电、线路、配电设备上进行动火作业，一级动火工作票签发人应同时具有配电、线路或变电第一种工作票签发人资格；二级动火工作票签发人应同时具有配电、线路或变电第二种工作票签发人资格。

（3）一、二级动火工作票负责人应由有关单位班组的班长、消防人员担任。

（4）在变电、线路、配电设备上进行动火作业，一级动火工作负责人应具备配电、线路或变电第一种工作票负责人资格；二级动火工作负责人应具有配电、线路或变电第二种工作票及以上的负责人资格。

（5）各单位每年应定期将动火工作票签发人、负责人需求上报安监部门，并参加单位组织的安规、消防考试，考试合格后，经公司分管生产的领导批准

并书面公布。

（6）进行特种作业（焊接与热切割作业）的动火执行人应具备应急管理局颁发的特种作业操作证。其他动火工作执行人应经动火部门考试审核确认，名单报送安监部门备案。

（7）消防监护人应由本单位专职消防员或志愿消防员担任。专职消防员或志愿消防员每年参加消防培训。

2．动火工作票所列人员的安全责任

（1）动火工作票各级审批人员和签发人：

1）审核并确认工作的必要性和安全性；

2）审核并确认工作票上所填安全措施是否正确完备。

（2）动火工作负责人：

1）正确安全地组织动火工作，落实动火工作有关要求；

2）负责动火方应做的安全措施并使其完善；

3）正确组织动火工作的开工会，向有关人员布置动火工作，交代防火安全措施和进行安全教育；

4）始终监督现场动火工作；

5）负责办理动火工作票开工和终结；

6）动火工作间断、终结时检查现场无残留火种。

（3）运行许可人（设备主人）：

1）检查工作票所列安全措施是否正确完备，是否符合现场条件；

2）检查动火设备与运行设备是否确已隔离；

3）向工作负责人现场交代运行所做的安全措施是否完善；

4）动火工作结束后负责总结和验收。

（4）消防监护人：

1）负责动火现场配备必要的、足够的消防设施；

2）负责检查现场消防安全措施的完善和正确；

3）测定或指定专人测定动火部位（现场）可燃气体、可燃液体的可燃气体含量等是否符合安全要求；

4）始终监视现场动火作业的动态，发现失火及时扑救；

5）动火工作间断、终结时检查现场无残留火种；

6）有权制止动火工作过程的违章现象。

（5）动火执行人：

1）动火前应收到经审核批准且允许动火的动火工作票；

2）按本工种规定的防火安全要求做好安全措施；

3）全面了解动火工作任务和要求，并在规定的范围内执行动火；

4）动火工作间断、终结时清理并检查现场无残留火种。

3．其他要求

各级人员在发现消防安全措施不完善不正确时，或在动火工作过程中发现有危险或违反有关规定时，均有权立即停止动火工作，并报告上级消防安全责任人。

3.2.2.3 动火工作管理流程

1．动火工作票的填写、签发与执行

（1）动火工作票应使用黑色或蓝色的钢笔、圆珠笔填写与签发，内容应正确、填写应清楚，不得任意涂改。如有个别错、漏字需要修改，应使用规范的符号，字迹应清楚。用计算机生成或打印的动火工作票应使用统一的票面格式，由工作票签发人审核无误，手工或电子签名后方可执行。

（2）动火工作票一式四份，一份由动火工作负责人收执，一份由动火执行人收执，一份保存在本单位安全管理部门（指一级动火工作票）或动火部门（指二级动火工作票），一份交运行许可人收执。安全管理部门或动火部门收执的一份工作票，必须在动火前送达。

（3）动火工作现场需要采取防触电隔离、防火隔离、冲洗等安全措施者，应在动火工作票上写明。

（4）动火工作票所列各类审批人员不得兼任，动火工作票签发人不得兼任该项工作的动火工作负责人。动火工作票由动火工作负责人填写。

（5）动火工作的审批人、消防监护人不得签发动火工作票。

（6）有关单位到生产区域内动火时，动火工作票填写、签发和审批按照“谁动火、谁负责”的原则执行。

2．动火工作票的有效期

（1）一级动火工作票应提前办理。一级动火工作票的有效期为24h，二级动火工作票的有效期为120h。

（2）动火作业超过有效期限时，应重新办理动火工作票。

3．动火工作的审批

（1）一级动火工作由申请动火的班组提出申请，动火单位消防专职（或消防管理员）、安监人员（安全员）审核，动火单位分管生产的领导批准，并报本单位消防管理部门备案，必要时经当地消防部门批准。

（2）二级动火工作由申请动火的班组提出申请，动火单位安全员、消防员审核，动火单位分管生产的领导批准。

（3）动火工作应遵循“严格审批、分层管理”的原则，从必要性、安全性等方面予以确认。各相关单位应高度重视动火工作，批准动火前应审核确认动火工作相关安全措施的完备性。

（4）动火工作的审批以动火工作票的流转为依据，得到批准的动火工作须严格履行动火工作票制度。

4．动火工作的现场监护

（1）一级动火在首次动火时，各级审批人和动火工作票签发人均应到现场检查防火安全措施是否正确完备，测定可燃气体、易燃液体的可燃气体含量等是否合格，并在监护下作明火试验，确无问题后方可动火。二级动火时，本单位（分部、工区）分管生产的领导可不到现场。

（2）一级动火时，动火部门分管生产的领导、消防（专职）人员应始终在现场监护。二级动火时，动火部门消防（专职）人员或指定的义务消防员始终在现场监护。

（3）一、二级动火工作在次日动火前应重新检查防火安全措施，蓄电池室、易燃易爆物品存放场所等部位应测定可燃气体、易燃液体的可燃气体含量，合格方可重新动火。

（4）一级动火工作的过程中，应每隔 2～4h 测定一次现场可燃气体、易燃液体的可燃气体含量是否合格，当发现不合格或异常升高时应立即停止动火，在未查明原因或排除险情前不得重新动火。

5．动火作业安全防火要求

（1）有条件拆下的构件（如油管、阀门等）应拆下来移至安全场所。

（2）可以采用不动火的方法代替而同样能够达到效果时，尽量采用替代的方法处理。

（3）尽可能地把动火时间和范围压缩到最低限度。

（4）凡装有或装过易燃易爆等化学危险物品的容器、设备、管道等生产、储存装置，在动火作业前应将其与生产系统彻底隔离，并进行清洗置换，经分析合格后，方可动火作业。

（5）高空动火作业，其下部地面如有可燃物、孔洞、阴井、地沟等，应进行检查、分析，并采取措施，防止火花溅落引起火灾、爆炸事故。

（6）在地面进行作业，周围有可燃物，应采取防火措施。动火点附近如有窨井、地沟等应进行检查、分析，并根据现场具体情况采取相应的安全防火措施。

（7）在电焊作业或其他有火花、熔融源等的场所使用的安全带或安全绳应有隔热防磨套。

（8）电焊接地线应接在动火的设备或动火管道上，并且距动火地点的距离不得大于 1m。电焊接地线接头应用胶布包好，防止产生火花。

（9）动火作业时应有专人监护，动火作业前应清除动火现场及周围的易燃物品，或采取其他有效的安全防火措施，配备足够适用的消防器材。

（10）动火作业现场要保持通风良好，以保证其他可燃气体能顺畅排走。

（11）动火作业间断或终结后，应清理现场，确认无残留火种后，方可离开。

（12）下列情况严禁动火：

1）动火工作票审批手续和安全措施不全；

2）运行单位许可手续未办，没有消防监护人；

3）运油车辆停靠的区域；

4）喷漆和油漆工作现场；

5）存放易燃易爆物品的容器未清理干净前或未进行有效转换前；

6）压力容器或管道未泄压前；

7）风力达 5 级以上的露天作业；

8）遇有火险异常情况未查明原因和消除前。

（13）动火工作完毕后，动火执行人、消防监护人、动火工作负责人和运行许可人应检查现场有无残留火种，是否清洁等。确认无问题后，在动火工作票上填明动火工作结束时间，经四方签名后（若动火工作与运行无关，则三方签名即可），盖上“已终结”印章，动火工作方告终结。

6．已终结动火工作票的保存期限

已终结的动火工作票应保存一年。

3.2.3 新版动火工作票填写与执行规范

3.2.3.1 一级动火工作票填写与执行规范

单位：填写主管单位及其管辖的二级单位名称。外单位来本单位进行的动火工作，填写施工单位名称。

编号：填写动火部门的简称及其编号。编号采用十位数字，前四位数字表示年号、中间两位数字表示月份、后四位数字表示动火工作票的顺序编号。例如：“一级动火工作票（变检）字第 2019010001 号”。

1．动火工作负责人

动火工作负责人必须具备相应工作负责人资格并经相关消防和动火知识考试合格后，由单位书面批准公布。电力系统内跨单位动火工作的，由施工单位出具书面批准的动火工作负责人名单的文件。非电力系统人员担任动火工作负责人的应由动火单位申请，并经安监部门考试审核确认。

对应的工作票、工作任务单和事故应急抢修单的工作负责人不得同时兼任动火工作负责人。

2．班组

应填写动火工作负责人（监护人）所在班组名称。

3．动火执行人

进行特种作业（如焊接、气割）的动火执行人应具备有关部门颁发的合格证，并经安监部门备案。非特种作业（如使用喷灯、电钻、砂轮）的动火执行人应经动火部门考试审核确认，名单报送安监部门备案。每张动火工作票只能填写一位动火执行人。

4．动火地点及设备名称

动火地点是指动火工作的区域或工作点。在运用中的变电站进行动火工作，应填写变电站电压等级、名称和设备双重名称，如工作地点不在设备上，则要写明工作的区域（如××室内或室外××区域），或写明在哪些设备之间。在电力线路下进行动火工作，应填写线路的电压等级、名称和杆（塔）号。

对于无调度命名的基建设备工作，应写明动火工作的区域或工作点。

通信机房、计算机房、档案室、油化验室、办公场所、地下停车场等区域的动火工作，则要写明××楼××通信机房（或计算机房等）。

5．动火工作内容（必要时可附页绘图说明）

工作内容应填写明确，简明扼要，术语规范，必须将所有工作内容填全，不得省略。如母排热缩套管制作、电缆头制作、接地网连接、变压器渗漏处理、安防设施安装、开关柜就位等。

6．动火方式

动火方式可填写焊接、切割、打磨、电钻、使用喷灯等。

7．申请动火时间

申请动火时间应填写计划动火的工作时间，且必须在对应的工作票、工作任务单和事故应急抢修单的计划工作时间之内，并且不得超过 24 小时。

8．（设备管理方）应采取的安全措施

设备管理方是指设备主人。

（1）涉电区域情况下的动火工作：应填写动火工作范围内停电的设备（如

×××开关改检修），相关的隔离措施（如装设围栏及具体装设位置），与带电设备保持足够的安全距离等。

（2）非涉电区域（办公场所、机房、仓库、汽修厂等）情况下的动火工作：应填写动火工作范围相关的隔离措施（如装设围栏及具体装设位置）。

9.（动火作业方）应采取的安全措施

应填写现场配备足够适用的消防设施、采取的消防措施（如装设围栏及具体装设位置、动火区域与危险品之间增设阻燃隔板、动火区域内易燃物品的清理等）、容器清洗、易燃易爆物品的隔离或保持足够的安全距离、注油设备放油等。

10．动火工作票签发人签名和时间

审核确认动火工作负责人填写的动火工作票1～8项无误后，工作票签发人在签名栏内签名，并在时间栏内填入时间。

11.（动火作业方）消防管理部门负责人签名

消防管理部门负责人指动火单位指定并已报本单位备案的消防管理人员（或单位指定的熟悉消防知识的管理人员，如单位的运行专职或设备专职，施工单位设备专职人或施工队队长，检修单位检修专职或设备专职等，上述人员必须是该单位的义务消防员）。

12.（动火作业方）安监部门负责人签名

安监部门负责人指动火单位安全员或消防负责人。

13．分管生产的领导或技术负责人（总工程师）签名

指动火单位分管生产的领导或技术负责人（总工程师）签名。

14．确认上述安全措施已全部执行

15．动火工作负责人

确认1～8项安全措施已全部执行后签名。

16．运行许可人签名和时间

确认1～8项安全措施已全部执行后签名，并填写许可时间。运行许可人指设备主人。

17．在现场检查应配备的消防设施和采取的消防措施、安全措施已符合要求可燃性、易爆气体含量或粉尘浓度测定合格后，消防监护人（动火单位消防管理员指定的该班组义务消防队员）、安监部门负责人、消防管理部门负责人、分管生产的领导或技术负责人（总工程师）、动火工作负责人、动火执行人分别签名，并由动火工作负责人填写许可动火时间。

18．动火工作终结

动火工作结束后，动火执行人、消防监护人、动火工作负责人、运行许可人共同检查现场材料、工具已清理完毕，现场确无残留火种，参与现场动火工作的有关人员已全部撤离后，四方分别签名，并由动火工作负责人填写动火结束时间，盖上“已终结”印章。

19．备注

（1）动火工作负责人将对应的检修工作票、工作任务单和事故应急抢修单的编号填写在该栏目中。

（2）其他事项：人员变动情况、报当地公安消防部门批准情况填写在该栏目中。

3.2.3.2 二级动火工作票填写与执行规范

二级动火工作票填写与执行规范和一级动火工作票一致。

3.2.4 典型案例：工地违法电焊引发火灾

3.2.4.1 简要经过

2012 年 8 月 22 日 11 时 17 分，某省 119 指挥中心接到报警称某百货股份有限公司购物中心外墙装修工程发生火灾，指挥中心迅速调集 3 车 15 人到场扑救，11 时 34 分火灾被扑灭。火灾烧毁挤塑板 $10m^2$，建筑脚手架绿色防护网 $20m^2$，无人员伤亡，直接财产损失 5600 元。

3.2.4.2 事故原因

该公司两名电焊工何某、陈某在无证上岗的情况下进行外墙干挂石材的装修，防火措施不到位，导致焊渣掉落引燃下方堆放的挤塑板等可燃物引发火灾。

3.2.4.3 治理措施

（1）将该建筑工地实施了临时查封，责令其全面停止施工。

（2）责令该购物中心于 8 月 23 日前将亚欧博览会期间消防安全保卫方案上报消防大队，并在亚欧博览会召开期间停止施工。

（3）消防大队对其高低压配电室、消防水源进行全面排查整治，对施工现场无临时消防用水的违法行为实施行政处罚。

（4）对建筑工地内使用的挤塑板实施监督送检，确定其燃烧性能等级是否达标。

3.3 有限空间作业

本节主要介绍了有限空间作业的基本概念、基本要求和安全要求。

3.3.1 基本概念

3.3.1.1 有限空间作业相关术语

1．有限空间

有限空间指封闭或者部分封闭，与外界相对隔离，出入口较为狭窄，作业人员不能长时间在内工作，自然通风不良，易造成有毒有害、易燃易爆物质积聚或者氧含量不足的空间。

2．有限空间作业

有限空间作业指作业人员在有限空间内实施的检查、维修、施工等活动。

3.3.1.2 有限空间分类

1．密闭设备

如船舱、贮罐、车载槽罐、反应塔（釜）、冷藏箱、压力容器、管道、烟道、锅炉等。

2．地下有限空间

如地下管道、地下室、地下仓库、地下工程、暗沟、隧道、涵洞、地坑、废井、地窖、污水池（井）、沼气池、化粪池、下水道等。

3．地上有限空间

如储藏室、酒糟池、发酵池、垃圾站、温室、冷库、粮仓、料仓等。

3.3.1.3 有限空间作业装备

1．个人防护设备

个人防护设备有正压式空气呼吸器、防毒面具、防护服、救生衣。

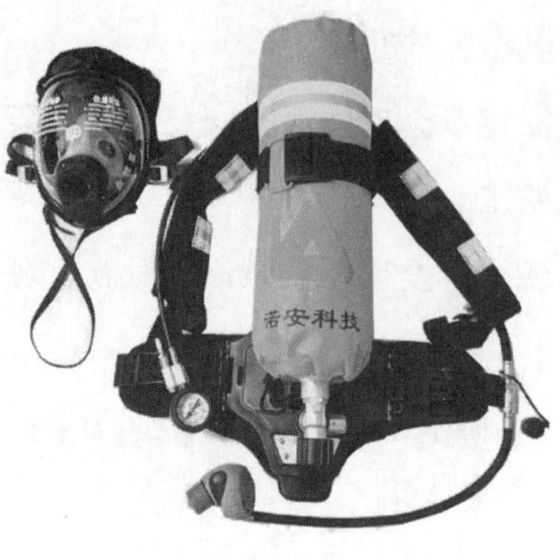

图 3-1 正压式空气呼吸器

正压式空气呼吸器（见图 3-1）是一种自给开放式空气呼吸器，能在缺氧状态下给作业人员提供呼吸保障。使用时应正确佩戴呼吸器，戴好面罩，开启供气阀，查看压阀是否正常，注意佩戴者吸气感受，当佩戴者停止工作时，可通过减压阀排除残余气体。

2．医疗支持设备

医疗支持设备有救护车、救援担架、夹板、氧气、急救箱。

3．作业装备

作业装备有气体检测仪、梯子、安全绳、缓降器。

气体检测仪（见图 3-2）是一种检测泄漏气体浓度的工具，包括便携式气体检测仪、手持式气体检测仪、固定式气体检测仪、在线式气体检测仪等。

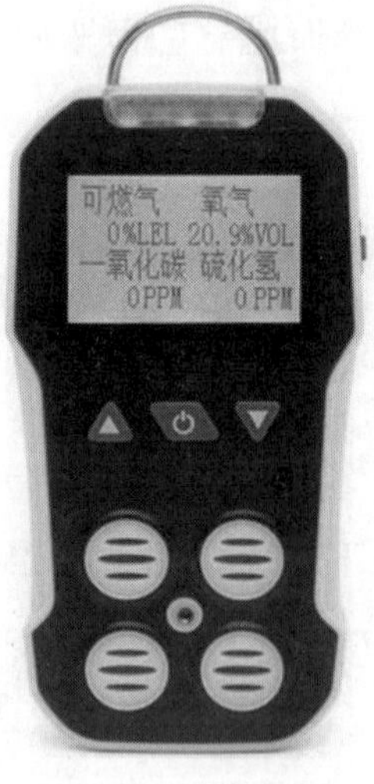

图 3-2 气体检测仪

4．警示标志

现场常用警示标志如图 3-3 所示。

图 3-3 现场常用警示标志

(a)“当心中毒”标志；(b)“当心爆炸”标志；(c)“当心坠落”标志；(d)“注意安全”标志；(e)“注意通风”标志；(f)“必须系安全带”标志；(g)“必须戴防毒面具”标志；(h)“禁止入内”标志

3.3.2 有限空间作业的基本要求

（1）有限空间作业应规范作业流程，做好作业前的准备工作，责任到人，降低安全风险。

1）有限空间作业前需确定工作负责人、工作监护人、专责监护人（有限空间外）和作业人员。

2）作业负责人在作业开始前组织开展有限空间作业现场勘查，分析有限空间内气体种类并进行评估监测，做好记录。

3）作业单位根据现场勘查结果进行作业风险分析并制定相应的安全防范措施，施工、检修作业应编制有限空间作业实施方案，包括作业计划、主要风险因素、作业安全要求、风险防范措施及应急处置等内容，并在作业前向全体作业人员进行安全交底。

4）作业前应对作业工器具、检测和报警仪器设备、通风设备、防护器具、通信设备、照明及应急救援设备等进行安全检查，检查内容包括有效期、定期检测试验情况、设备外观、与作业环境的匹配性、运转是否正常等。严禁使用不合格的工器具和设备。

（2）严格作业审批流程。

1）对于有限空间作业，必须严格执行作业审批制度，有限空间作业的现场负责人、监护人员、作业人员和应急救援人员均应为经专项培训并合格人员。

2）基建等新建工程的有限空间作业应开展作业审批、风险识别、评估及预控工作。针对盾构、顶管等危险性较大、持续时间较长的有限空间作业，各参建单位需加强作业过程中的持续安全管控。

3）进入已投运的电缆隧道、电缆井等危险性较大的有限空间开展施工、检修作业时，作业单位应提前一周将有限空间作业计划报送至运维管理单位，作业前履行审批、许可手续，同时报本单位安全监督管理部门备案。未经审批、许可手续，任何人不得进入有限空间内作业。

4）单位应对从事有限空间危险作业的相关人员进行培训，内容包括：

a．有限空间作业的危险有害因素和安全防范措施；

b．有限空间作业安全操作过程；

c．检查仪器、劳动防护用品的正确使用；

d．紧急情况下的应急处置措施。

安全培训应当有专门记录，并由参加培训的人员签字确认。

5）有限空间作业人员应具备危险和有害因素识别能力。危险和有害因素包括：

a. 设备设施与设备设施之间、设备设施内外之间相互隔断，导致作业空间通风不畅，照明不良，通信不畅；

b. 活动空间较小，工作场地狭窄，易导致工作人员出入困难，相互联系不便，不利于工作监护和实施、施救；

c. 湿度和热度较高，作业人员能量消耗大，易于疲劳；

d. 存在酸、碱、毒、尘、烟等具有一定危险性的介质，易引发窒息、中毒、火灾和爆炸事故；

e. 存在缺氧或富氧、易燃气体和蒸汽、有毒气体和蒸汽、冒顶、高处坠落、触电、物体打击、各种机械伤害等危险有害因素。

6）参加有限空间作业的人员身体都应健康良好。应每两年应体检一次，患有心脏病、高血压、癫痫病、精神病、聋哑等都不得从事有限空间作业，经体检合格者才能参加有限空间作业。

7）有限空间作业人员应具备仪器仪表和劳动防护用品正确使用能力。

3.3.3 有限空间作业的安全要求

有限空间作业充满了危险性，所以各行各业均对有限空间作业制定了相关的安全工作规程，学习有限空间作业必要的安全规程，掌握必要的防护技术和安全措施，是每一个有限空间作业人员的责任。

3.3.3.1 有限空间作业原则

有限空间作业应当严格遵守“先通风、再检测、后作业”的原则。

1．通风换气

通风换气可采用自然通风或者机械通风，禁止用纯氧进行通风换气。

（1）采用自然通风时，安全要求如下。

1）作业前应开启地下有限空间的门、窗、通风口、出入口、人孔、盖板、作业区及上下游井盖等进行自然通风，时间不应低于 30min。

2）检查有限空间的百叶门窗、通风口、电力通道路径上方通气亭等是否畅通，应无杂物影响自然通风。

3）作业中不应封闭地下有限空间的门、窗、通风口、出入口、人孔、盖板、作业区及上、下游井盖等，并做好安全警示及周边拦护。

（2）采用机械通风时，安全要求如下。

1）通风设备应放稳，并采取防跌落井内的措施。

2）电缆隧道采用机械通风时，通风机设置方式应能确保工作地段空气流通良好。

3）电缆（通信）管井使用管道通风机，应将通风管道出风口伸延至有限空间底部，让新鲜空气可以到达有限空间的最远端，有效去除大于空气比重的有害气体。

4）通风设备吸风口应置于洁净空气中，出风口应设置在作业区，不应直对作业人。

5）向地下有限空间内输送清洁空气，不得使用纯氧进行通风。

6）燃油发电机放置在有限空间外下风侧，外壳可靠接地，装有剩余电流动作保护器。

7）作业结束，人员全部撤离后方可关闭通风设备。

2．气体检测

（1）进入有限空间作业前，应进行气体检测，并做好记录。气体检测人员进行检测时应做好必要的个人防护。气体检测应测定有限空间内空气含氧量和常见有毒有害、易燃易爆气体的浓度。

有限空间的作业场所空气中的含氧量应为19.5%～23%，若空气中含氧量低于19.5%或高于23%，应有报警信号。

有限空间空气中可燃气体浓度应低于可燃烧极限或爆炸极限下限的10%。对储罐、管道的检修，空气中可燃气体浓度应低于可燃烧极限下限或爆炸极限下限的1%。

有限空间内有毒有害气体的浓度除应符合国家现行有关标准的规定外，按

《城镇排水管道维护安全技术规程》（CJJ 6—2009）中规定要求，常见有毒有害、易燃易爆气体的浓度和爆炸范围还应符合如表 3-2 所示的规定。

表 3-2　　常见有毒有害、易燃易爆气体的浓度和爆炸范围

气体名称	相对密度（取空气相对密度为 1）	最高容许浓度（mg/m^3）	时间加权平均容许浓度（mg/m^3）	短时间接触容许浓度（mg/m^3）	爆炸范围（容积）（%）	说　明
硫化氢	1.19	10	—	—	4.3～45.5	—
一氧化碳	0.97	—	20	30	12.5～74.2	非高原
		20	—	—		海拔 2000～3000m
		15	—			海拔高于 3000m
氰化氢	0.94	1	—	—	5.6～12.8	—
甲烷	0.55	—	—	—	5.0～15.0	—
苯	2.71	—	6	10	1.45～8.0	—
溶剂汽油	3.00～4.00	—	300	—	1.4～7.6	—
一氧化氮	1.03	—	15	—	不燃	—

注　最高容许浓度指工作地点、在一个工作日内、任何时间有毒化学物质均不应超过的浓度。时间加权平均容许浓度指以时间为权数规定的 8h 工作日、40h 工作周的平均容许接触浓度。短时间接触容许浓度指在遵守时间加权平均容许浓度前提下容许短时间（15min）接触的浓度。

（2）检测点不应设置在通风机送风口处。气体检测仪应在检测有效期内，使用前应保证其处于正常工作状态。作业人应在有限空间外洁净环境下将气体检测仪开机自检。

（3）检测人应站在有限空间外上风侧开始检测，按照由上至下、由近至远的顺序进行。同一检测点不同气体的检测，按氧气→可燃气体→有毒气体的顺序进行。其中，有毒有害气体应至少检测硫化氢和一氧化碳。

（4）检测点应具有代表性，满足下列要求：

1）纵向高度 8m 以下，检测点的数量不少于 2 个。

2）纵向高度 8m 以上，检测点的数量不少于 3 个。

3）上、下检测点，距离地下有限空间顶部和底部均不应超过 1m，中间检测点均匀分布，检测点之间的距离不应超过 8m。每个检测点的每种气体应按

表 3-3 格式对有限空间作业气体连续检测 3 次并记录，以检测数据的最高值为依据。

表 3-3　有限空间作业气体连续检测记录表

采样分析数据序号	检测项目	氧含量 O_2	可燃气体 CH_4	有毒有害气体			检测位置	检测时间	检测人员
				H_2S	NH_4	CO			
		/	/	/	/	/	//	/	/
	检测结果								

注　一式二份，作业部门、安全管理部门各执一份，随有限空间作业审批表一同保存，存档期三年。

（5）地下有限空间内存在积水、污物的，应先在地下有限空间外利用工具进行充分搅动，待气体充分释放后再进行检测。

（6）进入有限空间前检测气体无问题后，作业人（不同作业点）应随身携带有害气体检测仪（持续检测）进入有限空间开展相关作业。

（7）在氧气浓度、有害气体、可燃性气体、粉尘的浓度可能发生变化的环境中作业应保持必要的测定次数或连续检测（按表 3-3 格式检测并记录）。检测的时间不宜早于作业开始 30min。作业中断超过 30min，应当重新通风、检测合格后方可进入。

3.3.3.2　安全监护要求

有限空间作业时应保证安全有效的监护。

（1）有限空间作业除工作监护人之外还应设置专责监护人，专责监护人应在有限空间外持续监护。

（2）专责监护人及作业人员应接受作业负责人在作业前的安全交底、危险点告知等内容，并履行签字确认手续。

（3）监护人要与作业人确定沟通方式，确保信号畅通，能进行必要、有效的安全、报警、撤离等双向信息交流。全过程掌握作业人作业期间作业环境的情况，能够与作业人进行有效的操作作业、报警、撤离等信息沟通。

（4）监护人在紧急情况时向作业人发出撤离警告，必要时立即呼叫应急救援服务，并在有限空间外实施紧急救援工作。防止未经授权的人员进入，保持有限空间出入口畅通，工作期间严禁擅离职守。

（5）监护人在作业人员进、出有限空间时应准确清点人数。

3.3.3.3 作业过程安全管控

有限空间作业时应加强作业过程安全管控。

（1）进入有限空间作业前，应做好防止中毒、高处坠落的个体防护措施，检查安全防护设备、应急救援设备是否齐全、有效。

（2）电缆隧道、管井外可架设三脚架，在不适宜架设三脚架的井口，应设置安全爬梯。

（3）未经通风和检测合格，任何人员不得进入有限空间作业。

（4）有限空间内盛装或者残留的物料对作业存在危害时，作业前应对物料进行清洗、清空或者置换，危险有害因素符合《工作场所有害因素职业接触限值 第1部分：化学有害因素》（GBZ 2.1—2019）的要求后，方可进入有限空间作业。

（5）检修、施工作业过程中应进行连续机械通风，发现通风设备停止运转、气体检测仪报警，或发生安全防护设备、个体防护装备失效或作业人出现身体不适时，必须立即停止有限空间作业，清点作业人员，撤离作业现场。在没有判明原因并消除隐患前，禁止继续开展作业。

（6）在电缆隧道内巡视时，巡视人员应携带便携式气体测试仪，携带位置应在呼吸带高度内，采样器未被遮挡。通风不良时还应携带正压式空气呼吸器。

（7）开启电缆井井盖、电缆沟盖板及电缆隧道人孔盖时应注意站立位置，以免坠落，开启电缆井井盖应使用专用工具，同时注意放置位置，井盖应放置在平坦地面上，不影响作业人作业、以免滑脱后伤人，洞孔处设置遮拦及警示牌。

（8）利用井口内梯子下井前，应检查井口梯子是否牢固。可试踩井口内第一节梯子或利用其他工具检查梯子是否牢固。严禁蹬踩电缆或支架、托板，严禁从电缆井口跳下。

（9）地下有限空间内有积水时，不准进入井内工作，应先用水泵排除积水，排水时人员不得进入电缆井用器具往井外舀水。排除积水、清除杂物后，方可进入电缆井内作业。

（10）地下有限空间内应使用不大于36V照明工具。手持照明设备电压应不大于24V，在潮湿的地下有限空间作业，手持照明设备电压应不大于12V，照明灯具的防爆安全要求应符合国家标准或行业标准的规定。

（11）井内作业严禁吸烟，严禁在电缆隧道（井）内以及封闭的场所使用燃油（气）发电机等设备，以防止作业人缺氧或有害气体中毒。

（12）作业过程中，出入口应保持畅通并设置明显的安全警示标志，夜间应设警示红灯。

（13）作业完成后，作业人应将全部作业设备和工具带离有限空间。

（14）作业完成后，专责监护人应清点人员及设备数量，确保有限空间内无人员和设备遗留。

（15）作业完成后，关闭出入口（盖好井盖），清理现场后拆除作业区域安全围栏等封闭措施，并收好安全措施和工器具，方可撤离现场。

3.3.3.4 应急处置

有限空间运维管理单位及作业单位、人员应具备应急处置能力。

（1）有限空间运维管理单位及作业单位应编制现场应急处置方案并定期修订，每年至少进行一次有针对性的有限空间作业应急救援培训与演练，运维人员及作业人员必须掌握应急处置方法。

（2）有限空间作业期间发生下列情况之一时，作业人员应立即撤离：

1）作业人出现身体不适；

2）安全防护设备或个体防护装备失效；

3）通风设备停止运转；

4）气体检测报警仪报警；

5）监护人或作业负责人下达撤离命令。

（3）发生有限空间作业现场人身伤亡或电缆隧道（沟道）坍塌、损毁、水淹、火灾等突发事件，现场负责人应及时上报上级管理部门。各部门、各单位应按人身伤亡、隧道（沟道）突发事件应急处置预案和各单位的专项应急预案、现场处置方案快速处置，开展信息报送、协调处置、应急救援、社会联动、舆情应对等应急响应工作。

（4）应急救援人员实施救援时，应做好自身防护，配备应急救援防护设备设施，严禁盲目施救。

3.4 起重与搬运

在电力建设、生产过程中，起重和搬运是一项很重要的工作。在施工安装过程中，起重作业人员要与其他安装人员密切配合，采取各种可行手段及时、正确、安全地将各种设备和组件吊装和搬运到指定地点。如果工作稍有疏忽大意，轻者影响质量和进度，造成经济损失，重者造成人员伤亡。所以从事该项工作的人员，必须经过专门的培训，掌握必要的专业知识和技能，熟悉操作规程和安全知识，并持有有关部门颁发的特殊工种证书。现场其他作业人员则需要掌握起重与搬运的有关安全知识，保障起重与搬运过程的安全。

3.4.1 起重的设备及工具

3.4.1.1 常用起重设备

起重的设备及工具种类繁多，除大型的桥式、门式、塔式起重机外，在施工现场常见的起重设备是流动式起重机，包括汽车式起重机、轮胎式起重机、履带式起重机等，电力企业常用的斗臂车也属于流动式起重设备。

3.4.1.2 常用起重工器具

常用的起重工器具包括钢丝绳、千斤顶、链条葫芦、合成纤维吊装带、纤维绳、卸扣、吊钩、滑车和滑车组等。

3.4.2 起重作业安全要求

3.4.2.1 起重作业的一般注意事项

（1）起重设备需经检验检测机构监督检验合格，并在特种设备安全监督管理部门登记。

（2）起重设备的操作人员和指挥人员应经专业技术培训，并经实际操作及有关安全规程考试合格、取得合格证后方可独立上岗作业，其合格证种类应与所操作（指挥）的起重机类型相符合。起重设备作业人员在作业中应严格执行起重设备的操作规程和有关的安全规章制度。

（3）起重设备、吊索具和其他起重工具的工作负荷，不准超过铭牌使用。

（4）起重工作由专人指挥，明确分工；起重指挥信号应简明、统一、畅通。重大物件的起重、搬运工作应由有经验的专人负责，作业前应进行技术交底，使全体人员熟悉起重搬运方案和安全措施。

（5）凡属下列情况之一者，应制定专门的安全技术措施，经本单位分管生产的领导（总工程师）批准，作业时应有技术负责人在场指导，否则不准施工。

1）重量达到起重设备额定负荷的90%及以上；

2）两台及以上起重设备抬吊同一物件；

3）起吊重要设备、精密物件、不易吊装的大件或在复杂场所进行大件吊装；

4）爆炸品、危险品必须起吊时；

5）起重设备在带电导体下方或距带电体较近时。

（6）雷雨天时，应停止野外起重作业。遇有6级以上的大风时，禁止露天进行起重工作。当风力达到5级以上时，受风面积较大的物体不宜起吊。遇有大雾、照明不足、指挥人员看不清各工作地点或起重机操作人员未获得有效指挥时，不准进行起重工作。

（7）移动式起重设备应安置平稳牢固，并应设有制动和逆止装置。禁止使用制动装置失灵或不灵敏的起重机械。

（8）起吊物体应绑扎牢固，若物体有棱角或特别光滑的部位时，在棱角和滑面与绳索（吊带）接触处应加以包垫。起重吊钩应挂在物体的重心线上。起吊电杆等长物件时应选择合理的吊点，并采取防止突然倾倒的措施。

（9）在起吊、牵引过程中，受力钢丝绳的周围、上下方、转向滑车内角侧、吊臂和起吊物的下面，禁止有人逗留和通过。

（10）更换绝缘子和移动导线的作业，当采用单吊线装置时，应采取防止导线脱落的后备保护措施。

（11）吊物上不许站人，禁止作业人员利用吊钩来上升或下降。

3.4.2.2 起重设备的一般规定

（1）没有得到司机的同意，任何人不准登上起重机。

（2）起重机上应备有灭火装置，驾驶室内应铺橡胶绝缘垫，禁止存放易燃物品。

（3）对在用起重机械应当在每次使用前进行一次经常性检查，并做好记录。起重机械每年至少应做一次全面技术检查。

（4）起吊重物前，应由工作负责人检查悬吊情况及所吊物件的捆绑情况，认为可靠后方准试行起吊。起吊重物稍一离地（或支持物），应再检查悬吊及捆绑情况，认为可靠后方准继续起吊。

（5）禁止与工作无关人员在起重工作区域内行走或停留。

（6）起吊重物不准让其长期悬在空中。有重物悬在空中时，禁止驾驶人员离开驾驶室或做其他工作。

（7）禁止用起重机起吊埋在地下的物件。

（8）在变电站内使用起重机械时，应安装接地装置，接地线采用多股软铜线，其截面积应满足接地短路容量的要求，但不得小于 $16mm^2$。

（9）各式起重机应根据需要安设过卷扬限制器、过负荷限制器、起重臂俯仰限制器、行程限制器、联锁开关等安全装置；其起升、变幅、运行、旋转机构都应装设制动器，其中起升和变幅机构的制动器应是常闭式的。臂架式起重机应设有力矩限制器和幅度指示器。铁路起重机应安有夹轨钳。

3.4.3 人工搬运

3.4.3.1 搬运作业分类

移动设备的工作称为搬运作业。设备的搬运可分为一次搬运和二次搬运。一次搬运是指设备由制造厂运到工地仓库、设备的组装场地或堆放地，这种运输距离较长，通常采用铁路、公路或水路运输。二次搬运是指设备由工地仓库或堆放地运输到安装现场，这种运输距离一般较短，在施工现场常采用人工搬运。

3.4.3.2　人工搬运作业时的安全要求

（1）搬运的过道应当平坦畅通，如在夜间搬运应有足够的照明。如需经过山地陡坡或凹凸不平之处，应预先制定运输方案，采取必要的安全措施。

（2）装运电杆、变压器和线盘应绑扎牢固，并用绳索绞紧；水泥杆、线盘的周围应塞牢，防止滚动、移动伤人。运载超长、超高或重大物件时，物件重心应与车厢承重中心基本一致，超长物件尾部应设标志。禁止客货混装。

（3）装卸电杆等笨重物件应采取措施，防止散堆伤人。分散卸车时，每卸一根，应防止其余杆件滚动；每卸完一处，应将车上其余的杆件绑扎牢固后，方可继续运送。

（4）使用机械牵引杆件上山，应将杆身绑牢，钢丝绳不得触磨岩石或坚硬地面，牵引路线两侧 5m 以内，不准有人逗留或通过。

（5）人力运输的道路应事先清除障碍物，山区抬运笨重的物件应事先制订运输方案，采取必要的安全措施。

（6）多人抬杠，应同肩，步调一致，起放电杆时应相互呼应协调。重大物件不得直接用肩扛运，雨、雪后抬运物件时应有防滑措施。

（7）用管子滚动搬运应遵守下列规定：

1）应由专人负责指挥。

2）管子承受重物后两端各露出约 30cm，以便调节转向。手动调节管子时，应注意防止手指压伤。

3）上坡时应用木楔垫牢管子，以防管子滚下。无论上坡、下坡，均应对重物采取防止下滑的措施。

3.4.4　典型案例：歪拉斜吊事故

3.4.4.1　简要经过

2003 年 9 月 20 日上午，在某蛋品的冷库工程工地上，春光号起重机正在吊混凝土吊斗，由于不垂直，重心偏离起吊垂直 *f* 线约 2m，起吊后的吊斗便缓慢向前移动。前方，起重指挥邵某正背朝吊机，两手搭在江某肩上讲话，混凝土工小马（代替指挥）见状大叫闪开，吊车司机也立即鸣号并迅速推操纵杆下降吊点，但电源突然跳闸，下降吊点的措施失效，吊斗向邵、江两人撞击。江某因听到声音立即退步闪开，邵某则因躲闪不及，被吊斗撞击在翻斗车上，翻斗车被撞移50m，吊斗回晃时，邵某倒在地上，最终因内脏多处严重损伤不治身亡。

3.4.4.2 事故原因

（1）违章作业，歪拉斜吊，是导致这起事故的直接原因。

（2）现场指挥混乱，指挥邵某玩忽职守，混凝土工小马无证违章指挥是这起事故的主要原因。

（3）春光号吊机平常维修保养不好，关键时刻突然跳闸也是这起事故的原因之一。

3.4.4.3 防范措施

（1）按操作规程进行操作是指挥和起重机司机的职责，指挥人员和起重机司机要严格遵守起重作业规定，歪拉斜挂不吊。

（2）吊车起重作业时，必须配有一名有经验持有操作证的起重指挥人员指挥，不能让无证人员进行指挥，担任指挥起重工作必须工作认真，责任心强，严格执行安全操作规程。

（3）吊车司机对吊车必须认真做好例保，即做好清洁、补充、润滑、紧固、调整工作，关键部位使用前应严格检查，发现问题及时处理。

（4）加强岗位责任制、安全交底和安全措施的落实。

3.5 临时用电

本节主要介绍了临时用电三级箱配置及漏电保护级差配置基本要求和临时用电的安全要求及相关注意事项。

3.5.1 三级箱配置及漏电保护级差配置基本要求

3.5.1.1 变电站工程

建筑施工现场临时用电工程专用的电源中性点直接接地的220/380V三相

四线制低压电力系统，必须符合下列规定。

1．采用三级配电系统

三级配电是指施工现场从电源进线开始至用电设备之间，应经过三级配电装置配送电力。即由总配电箱（一级箱）或配电室的配电柜开始，依次经由分配箱（二级箱）、开关箱（三级箱）到用电设备。这种分三个层次逐级配送电力的系统就称为三级配电系统。三级配电系统基本结构如图 3-4 所示。

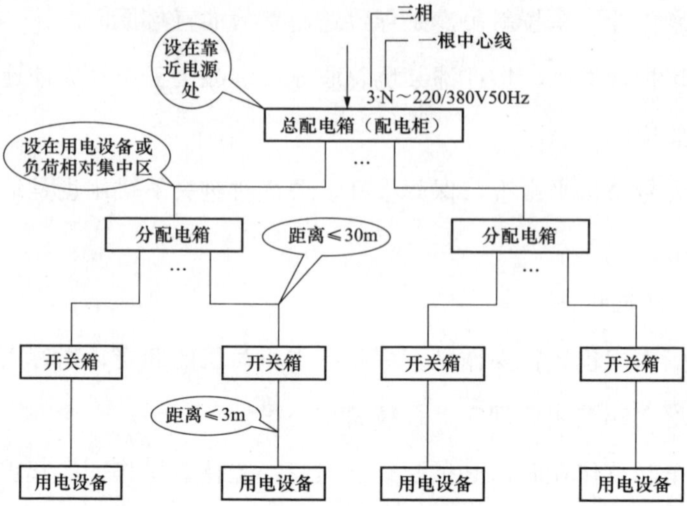

图 3-4　三级配电系统基本结构

2．采用 TN-S 接零保护系统

相线 A、B、C 相序的绝缘颜色依次为黄、绿、红色；N 线（工作接零）的绝缘颜色为淡蓝色；PE 线（保护接零）的绝缘颜色为绿/黄双色。任何情况下，上述颜色标记严禁混用和互相代用。

PE 线所用材质与相线、工作中性线（N 线）相同时，其最小截面积应符合如表 3-4 所示的规定。

表 3-4　相线芯线截面积与 PE 线最小截面对应表　（mm^2）

相线芯线截面积 S	PE 线最小截面积
$S \leq 16$	5
$16 < S \leq 35$	16
$S > 35$	$0.5S$

配电装置和电动机械相连接的PE线应为截面积不小于2.5mm^{2}的绝缘多股铜线。手持式电动工具的PE线应为截面积不小于1.5mm^{2}的绝缘多股铜线。

重复接地：设备接地线上一处或多处通过接地装置与大地再次连接的接地，即三级箱PE必须接地。

配电箱的N排和PE排要求：配电箱的电器安装板上应分设N线端子排和PE线端子排，N线端子排应与金属电器安装板绝缘，PE线端子排应与金属电器安装板做电气连接。

3．采用二级漏电保护系统

采用二级漏电保护系统是指在施工现场基本供配电系统的总配电箱（配电柜）和开关箱首、末二级配电装置中，设置剩余电流动作保护器。其中，总配电箱（配电柜）中的剩余电流动作保护器可以设置于总路，也可以设置于各分路，但不必重叠设置。

（1）开关箱中剩余电流动作保护器的额定漏电动作电流不应大于30mA，额定漏电动作时间不应大于0.1s。使用于潮湿或有腐蚀介质场所的剩余电流动作保护器应采用防溅型产品，其额定漏电动作电流不应大于15mA，额定漏电动作时间不应大于0.1S。

（2）总配电箱中剩余电流动作保护器的额定漏电动作电流应大于30mA，额定漏电动作时间应大于0.1s，但其额定漏电动作电流与额定漏电动作时间的乘积不应大于30mAs。

4．临时用电采用三级配电二级保护

（1）开关箱安装漏电断路器，动作电流为30mA，动作时间为0.1s。

（2）分配电箱不设置剩余电流动作保护器，但仍然需要安装断路器。

（3）总配电箱安装漏电断路器，动作电流为100mA，动作时间为0.3s。

3.5.1.2 线路工程

同变电站工程相比，线路工程存在以下不同点。

（1）采用局部TN-S接零保护系统：采用TN系统做保护接零时，工作中性线（N线）必须通过总剩余电流动作保护器，保护中性线（PE线）必须由电源进线中性线重复接地处或总剩余电流动作保护器电源侧中性线处，引出形成局部 TN-S 接零保护系统。在 TN 接零保护系统中，通过总剩余电流动作保护器的工作中性线与保护中性线之间不得再做电气连接（N 线与 PE 线不能有接触）。重复接地线必须与 PE 线相连，严禁与 N 线相连。

（2）采用三级配电系统。

1）若表箱配置漏电保护。三级配电系统表箱配置漏电保护结构如图 3-5 所示。

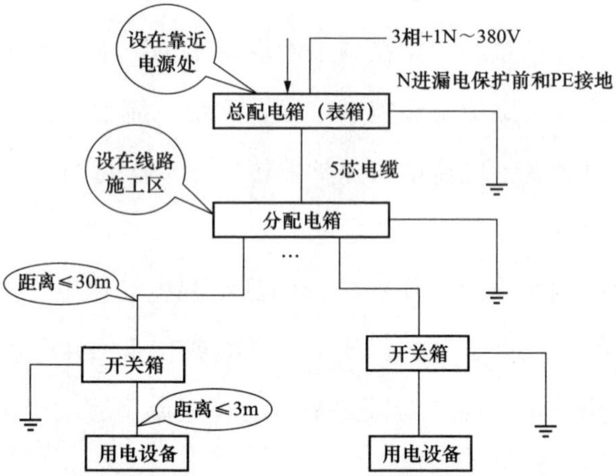

图 3-5　三级配电系统表箱配置漏电保护结构

2）临时用电采用三级配电二级保护。

a．开关箱安装漏电断路器，动作电流为 30mA，动作时间为 0.1s；

b．分配电箱不设置剩余电流动作保护器，但仍然需要安装断路器；

c．总配电箱安装漏电断路器，动作电流为 100mA，动作时间为 0.3s。

3）若表箱未配置漏电保护。三级配电系统表箱未配置漏电保护结构如图 3-6 所示。

a．开关箱安装漏电断路器，动作电流为 30mA，动作时间为 0.1s；

b．分配电箱设置剩余电流动作保护器，动作电流为 100mA，动作时间为 0.3s。分配电箱中的剩余电流动作保护器可以设置于总路，也可以设置于各分路，但不必重叠设置；

c. 总配电箱不安装漏电断路器，但仍然需要断路器。

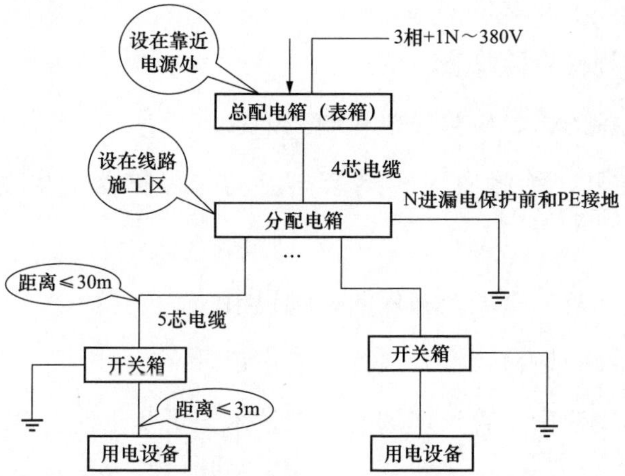

图 3-6　三级配电系统表箱未配置漏电保护结构

3.5.2　临时用电的安全要求

3.5.2.1　电工及用电人员要求

（1）电工必须经过按国家现行标准考核合格后，持证上岗工作；其他用电人员必须通过国家相关安全教育培训和技术交底，考核合格后可上岗工作。

（2）安装、巡检、维修、拆除临时用电设备和线路，必须由电工完成，并应有人监护。电工等级应同工程的难易程度和技术复杂性相适应。

（3）各类用电人员应掌握安全用电基本知识和所用设备的性能，并应符合以下规定：

1）使用设备前必须按规定穿戴和配备好相应的劳动防护用品，并检查电气装置和保护设施；严禁设备带“缺陷”运转。

2）按要求保管和维修所用设备，发现问题及时报告解决。

3）暂时停用设备的开关箱必须分断电源隔离开关，并应关门上锁。

4）移动电气设备时，必须经电工切断电源并做妥善处理后进行。

3.5.2.2　临时用电安全技术档案

施工现场临时用电必须建立安全技术档案，其内容应包括：

（1）用电组织设计的全部资料。

（2）修改用电施工组织设计的资料。

（3）用电技术交底资料。

（4）用电工程检查验收表。

（5）电气设备的试、检验凭单和调试记录。

（6）接地电阻、绝缘电阻和剩余电流动作保护器漏电动作参数测定记录表。

（7）定期检（复）查表及漏保的试跳记录。

（8）电工安装、巡检、维修、拆除工作记录。

安全技术档案应由主管该现场的电气技术人员负责建立与管理。其中电工安装、巡检、维修、拆除工作记录可指定电工代管，并于临时用电工程拆除后统一归档。

临时用电工程的定期检查时，应复查接地电阻值。检查工作应按分部、分项工程进行，对安全隐患，必须及时处理，并应履行复查验收手续。

3.5.3 临时用电的安全注意事项

（1）临时电源开关、隔离开关应装设剩余电流动作保护器、漏电断路器、熔丝（具）等保护装置，有关参数应满足负载工作要求。临时电源必须安装剩余电流动作保护器，并处于良好的工作状态，不得强行供电。不得以铜丝、铝丝等金属丝代替熔丝。

（2）临时电源箱、配电箱（板）内电器元件布置应满足电气绝缘、安全距离、防潮要求。内部器件安装及布线应整齐规范。各元件如开关、隔离开关、熔丝（具）等应完好，不得破损、残缺，盖上螺钉应拧紧。所有电线、电缆亦应完好无损。

（3）严禁使用护套线、花线或绝缘破损、老化的电缆作为临时电源线。临时电源线的接头如需采用绕接，搭接长度应符合规定（多股线搭接长度应大于单股线径的 25 倍），接头部分连接应牢固并用绝缘胶带包扎良好。禁止将电线挂、绕在隔离开关等电气设备上。

（4）临时电源引向构架、楼顶等高处时，必须沿柱、墙体敷设，上下端要固定好，必要时中间还应加固定点，电源线中间不许有接头，防止断落地面。电源线上吊下落时必须保持平稳，防止摆动，如邻近带电设备则应保持安全距离，并考虑风偏影响，同时设专人监护。

（5）临时电源的装接和拆除必须停电进行。电源箱、配电箱（板）隔离开关的上桩头接电源线，下桩头接负载出线，不得颠倒。各路配线负荷标志清晰，禁止一把隔离开关控制两路及以上负载配线。

（6）保护接地或接零应良好。严禁利用大地作中性线。

（7）架空临时电源线应采用绝缘导线，架空高度：室内＞2.5m，室外＞4.0m，跨越道路＞6.0m（均指最大弧垂）。在地面敷设临时电源应沿地面施放，严禁甩动，在带电设备区应设专人监护。

（8）严禁在有爆炸和火灾危险的场所架设临时线。

（9）临时电源箱、配电箱箱门箱体应完好，内部无杂物，进出电缆孔洞封堵严密。金属箱体应接地良好。室外电源箱应有良好的防雨防潮措施。临时电源箱应设有安全警告牌及标志。

（10）电缆地面敷设，应采用埋地方式，严禁沿地面明设，并应避免机械损伤和介质腐蚀。埋地电缆路径应设方位标志。

（11）剩余电流动作保护器每天使用之前应启动漏电试验按钮试跳一次，试跳不正常时严禁继续使用。

（12）现场用电必须实行“一机一闸一保”制，严禁一个开关控制两台以上用电器具。

（13）施工现场电气设备及手持电动工具应有可靠的接地及漏电保护措施。

（14）现场用隔离开关，防护盖应齐全，不得以金属丝代替熔丝，不得带负荷开合闸。

（15）防爆场所严禁用非防爆设备及非防爆电源接插头（座）。

（16）电气设备检修时，应先切断电源，并挂上“有人作业，严禁合闸”的警示牌。

（17）现场用照明电路必须绝缘良好，布置整齐，照明灯具的高度，室内不低于 2.5m，室外不低于 3m。

3.6 安全设施

生产经营活动中将危险因素、有害因素控制在安全范围内以及预防、减少、消除危害所设置的安全标志、设备标志、安全警示线、安全防护设施等统称为安全设施。为贯彻“安全第一、预防为主、综合治理”的安全工作方针，需要规范变电安全设施的设置，从而创造安全清晰的工作环境，保障人员安全与健康。

3.6.1 安全色

安全色是按《安全色》（GB 2893—2008）中规定的颜色，显示不同的安全信息，通过安全标志的不同颜色告诫人们执行相应的安全要求，以防止事故的发生。

安全色与热力设备管道及电气母线涂色的作用、规定是完全不同的，两者不应混淆。

用红、黄、蓝、绿 4 种颜色分别表示禁止、警告、指令、提示的信息。对比色是白色和黑色，红、蓝、绿的对比色是白色，黄色的对比色是黑色。

由于红色引人注目，视认性极好，常用于紧急停止和禁止信息；用红色和白色条纹组成，特别醒目，常用来表示禁止。黄色对人眼的明亮度比红色还要高，常用来传递人们接受警告或引起注意的信息；用黄色和黑色组成的条纹，使人眼产生最高的视认性，能引起人们警觉，常用来作警告色。蓝色，尤其在太阳光照耀下非常明显，适宜做传递指令信息。绿色跃入眼帘，心理产生舒适、恬静、安全感，宜作传递情况是安全的信息。

安全色所表示的含义及用途如表 3-5 所示。

安全色使用部位很多，安全标志牌、交通标志牌、防护栏杆、机器上禁动部位、紧急停止按钮、安全帽、吊车、升降机、行车道中线等处，都应该涂刷相应的安全色。

表 3-5　　安全色所表示的含义及用途

颜色	含义	用途举例
红色	禁止停止	禁止标志、停止标志：机器、车辆上的紧急停止手柄或按钮，禁止人们触动的部位
	红色也表示防火	
蓝色	指令必须遵守的规定	指令标志：必须佩戴个人防护用具，道路上指引车辆和行人行驶方向的指令
黄色	警告注意	警告标志、警戒标志：警戒线，行车道中线，安全帽
绿色	提示安全状态通行	提示标志：车间内的安全通道，行人和车辆通行标志，消防设备和其他安全防护设备的位置

3.6.2　安全标志

安全标志是用以表达特定安全信息的标志，由图形符号、安全色、几何形状（边框）和文字构成。安全标志分禁止标志、警告标志、指令标志、提示标志 4 大基本类型和道路交通标志、消防安全标志等特定类型。

3.6.2.1　标志类型

1．禁止标志

禁止标志是用以表达禁止或制止人们不安全行为的图形标志。禁止标志牌的基本型式是一长方形衬底牌，上方是禁止标志（带斜杠的圆边框），下方是文字辅助标志（矩形边框）。长方形衬底色为白色，带斜杠的圆边框为红色，标志符号为黑色，辅助标志为红底白字、黑体字，字号根据标志牌尺寸、字数调整，如图 3-7 所示。

(a)　(b)　(c)　(d)

图 3-7　禁止标志

(a)“禁止吸烟”标志；(b)“禁止烟火”标志；(c)“禁止攀登”标志；(d)“禁止合闸　有人工作”标志

2．警告标志

警告标志是用以表达提醒人们对周围环境引起注意，以避免可能发生危险的图形标志。警告标志牌的基本型式是一长方形衬底牌，上方是警告标志（正三角形边框），下方是文字辅助标志（矩形边框）。长方形衬底色为白色，正三角形边框底色为黄色，边框及标志符号为黑色，辅助标志为白底黑字、黑体字，字号根据标志牌尺寸、字数调整，如图 3-8 所示。

图 3-8　警告标志

(a)“注意安全”标志；(b)“当心火灾”标志；(c)“当心中毒”标志；(d)“当心触电”标志

3．指令标志

指令标志是用以表达强制人们必须做出某种动作或采用防范措施的图形标志。指令标志牌的基本型式是一长方形衬底牌，上方是指令标志（圆形边框），下方是文字辅助标志（矩形边框）。长方形衬底色为白色，圆形边框底色为蓝色，标志符号为白色，辅助标志为蓝底白字、黑体字，字号根据标志牌尺寸、字数调整，如图 3-9 所示。

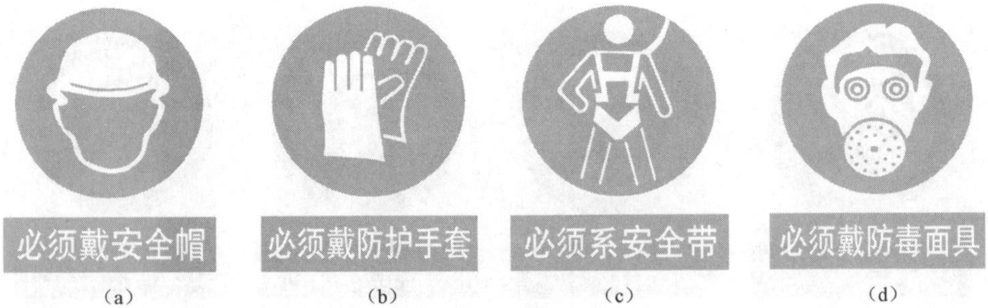

图 3-9　指令标志

(a)“必须戴安全帽”标志；(b)“必须戴防护手套”标志；(c)“必须系安全带”标志；
(d)“必须戴防毒面具”标志

4. 提示标志

提示标志是用以表达向人们提供某种信息（如标明安全设施或场所等）的图形标志。提示标志牌的基本型式是一正方形衬底牌和相应文字。衬底色为绿色，标志符号为白色，文字为黑色（白色）黑体字，字号根据标志牌尺寸、字数调整，如图 3-10 所示。

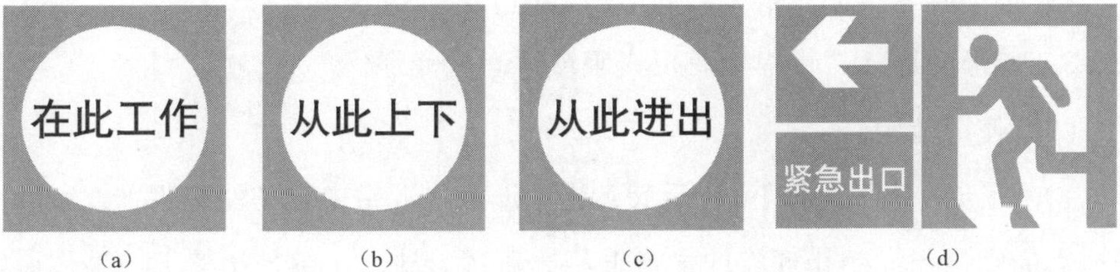

图 3-10　提示标志

(a)“在此工作”标志；(b)“从此上下”标志；(c)“从此进出”标志；(d)“紧急出口”标志

5. 道路交通标志

变电站设置限制高度、速度等禁令标志，基本型式一般为圆形、白底、红圈、黑图案。其设置、位置、型式、尺寸、图案和颜色等应符合《道路交通标志和标线　第 2 部分：道路交通标志》（GB 5768.2—2009）、《工业企业厂内铁路、道路运输安全规程》（GB 4387—2008）的规定。

（1）标志类型。

1）限制高度标志。限制高度标志表示禁止装载高度超过标志所示数值的车辆通行。变电站入口处、不同电压等级设备区入口处等最大容许高度受限制的地方应设置限制高度标志牌（装置）。限制高度标志牌的基本形状为圆形、白底、红圈、黑图案。

2）限制速度标志。限制速度标志表示该标志至前方解除限制速度标志的路段内，机动车行驶速度（单位为 km/h）不准超过标志所示数值。变电站入口处、变电站主干道及转角处等需要限制车辆速度的路段的起点应设置限制速度标志牌。限制速度标志牌的基本形状为圆形、白底、红圈、黑图案。

3）常用交通安全标示、设施。常用交通安全标示、设施包括“前方施工”“道路封闭”“车辆慢行”标示牌、锥形交通标等。

（2）基本要求。

1）携带式的标示牌应采用非金属材质，非携带式的标示牌可采用铝合金、不锈钢、搪瓷等材质。

2）标示牌外形应完整，表面清洁，图案、字体清晰。

3）锥形交通标，锥体上有反光膜或涂有反光漆。

（3）使用范围。

1）“止步，高压危险！”标示牌：施工地点临近带电设备的遮栏上；室外工作地点的围栏上；禁止通行的过道上；高压试验地点；室外构架上；工作地点临近带电设备的横梁上。

2）“在此工作！”标示牌：设置于安全围栏出入口右侧。

3）“从此进出！”标示牌：设置于安全围栏出入口左侧。

4）“禁止合闸，有人工作！”标示牌：悬挂在一经合闸即可送电到施工设备的断路器和隔离开关的操作把手上。

5）“前方施工”标示牌：设置于有施工作业的道路两端或交通道口，距作业地点根据道路情况设置，用于警告通行车辆降低车速或绕道行驶。

6）“道路封闭”标示牌：设置于因施工作业需封闭的道路两端或交通道口，距作业地点不少于50m，与“前方施工”标示牌配合使用，用于警告来往车辆前方施工危险，车辆不能通过，以确保车辆和人身安全。

7）“车辆慢行”标示牌：设置于因施工作业需车辆慢行的道路两端或交通道口，距作业地点不少于50m，与“前方施工”标示牌配合使用，用于警告通行车辆降低车速，以便在作业人员的监护和引导下安全通过。

8）锥形交通标：用于允许车辆通行区域和作业区域之间的安全隔离，以提醒过往车辆及行人注意前方施工，减速慢行或绕行。

6．消防安全标志

应在变电站的主控制室、继电器室、通信室、自动装置室、变压器室、配电装置室、电缆隧道等重点防火部位入口处以及储存易燃易爆物品仓库门口处合理配置灭火器等消防器材，在火灾易发生部位设置火灾探测和自动报警装置。

各生产场所应有逃生路线的标示，楼梯主要通道门上方或左（右）侧装设紧急撤离提示标志。

消防安全标志表明下列内容的位置和性质：

（1）火灾报警和手动控制装置。

（2）火灾时疏散途径。

（3）灭火设备。

（4）具有火灾、爆炸危险的地方或物质。

消防安全标志按照主题内容与适用范围，分为火灾报警及灭火设备标志、火灾疏散途径标志和方向辅助标志，其设置场所、原则、要求和方法等应符合《消防安全标志　第1部分：标志》（GB 13495.1—2015）、《消防安全标志设置要求》（GB 15630—1995）的规定。

3.6.2.2　一般规定

（1）移动式安全标志可用金属板、塑料板、木板制作，固定式安全标志可直接画在墙壁或机具上。但有触电危险场所的标志牌，必须用绝缘材料制作。

（2）安全标志牌应挂在需要传递信息的相应且又十分醒目部位。门、窗等可移动物体上不得悬挂标志牌，以免这些物体移动，人看不到安全信息。

（3）变电站设置的安全标志包括禁止标志、警告标志、指令标志、提示标志4种基本类型和消防安全标志、道路交通标志等特定类型。

（4）安全标志一般使用相应的通用图形标志和文字辅助标志的组合标志。

（5）安全标志牌应定期检查，如发现破损、变形、褪色等不符合要求时，应及时修整或更换。修整或更换时，应有临时的标志替换，以避免发生意外伤害。

（6）变电站入口，应根据站内通道、设备、电压等级等具体情况，在醒目位置按配置规范设置相应的安全标志牌。如“当心触电”“未经许可　不得入内”

“禁止吸烟”“必须戴安全帽”等，并应设立限速的标志（装置）。

（7）设备区入口，应根据通道、设备、电压等级等具体情况，在醒目位置按配置规范设置相应的安全标志牌。如“当心触电”“未经许可 不得入内”“禁止吸烟”“必须戴安全帽”及安全距离等，并应设立限速、限高的标志（装置）。

（8）各设备间入口，应根据内部设备、电压等级等具体情况，在醒目位置按配置规范设置相应的安全标志牌。如主控制室、继电器室、通信室、自动装置室应配置“未经许可 不得入内”“禁止烟火”；继电器室、自动装置室应配置“禁止使用无线通信”；高压配电装置室应配置“未经许可 不得入内”“禁止烟火”；GIS 组合电器室、SF_6 设备室、电缆夹层应配置“禁止烟火”“注意通风”“必须戴安全帽”等。

3.6.3 设备标志

变电站设备（含设施，下同）应配置醒目的标志。配置标志后不应构成对人身伤害的潜在风险。

设备标志由设备名称和设备编号组成。设备标志应定义清晰，具有唯一性。设备标志牌应配置在设备本体或附件醒目位置。

GIS 设备的隔离开关和接地开关标志牌根据现场实际情况装设，母线的标志牌按照实际相序位置排列，安装于母线筒端部；隔室标志安装于靠近本隔室取气阀门旁醒目位置，各隔室之间通气隔板周围涂红色，非通气隔板周围涂绿色，宽度根据现场实际确定。

电缆两端应悬挂标明电缆编号名称、起点、终点、型号的标志牌，电力电缆还应标注电压等级、长度。

各设备间及其他功能室入口处醒目位置均应配置房间标志牌，标明其功能及编号，室内醒目位置应设置逃生路线图、定置图（表）。

电气设备标志文字内容应与调度机构下达的编号相符，其他电气设备的标志内容可参照调度编号及设计名称。一次设备为分相设备时应逐相标注，直流设备应逐极标注。

设备标志牌基本形式为矩形，衬底色为白色，边框、编号文字为红色（接地设备标志牌的边框、文字为黑色），采用反光黑体字。字号根据标志牌尺寸、字数适当调整。根据现场安装位置不同，可采用竖排。

3.6.4 安全警示线和安全防护设施

3.6.4.1 安全警示线

安全警示线用于界定和分割危险区域，向人们传递某种注意或警告的信息，以避免人身伤害。

安全警示线包括禁止阻塞线、减速提示线、安全警戒线、防止碰头线、防止绊跤线、防止踏空线、生产通道边缘警戒线和设备区巡视路线等。安全警示线一般采用黄色或与对比色（黑色）同时使用。

1．禁止阻塞线

禁止阻塞线的作用是禁止在相应的设备前（上）停放物体，以免意外发生。

禁止阻塞线采用45°黄色与黑色相间的等宽条纹，宽度宜为50～150mm，长度不小于禁止阻塞物1.1倍，宽度不小于禁止阻塞物1.5倍。

2．减速提示线

减速提示线的作用是提醒在变电站内的驾驶人员减速行驶，以保证变电站设备和人员的安全。

减速提示线一般采用45°黄色与黑色相间的等宽条纹，宽度宜为100～200mm。可采取减速带代替减速提示线。

3．安全警戒线

安全警戒线的作用是为了提醒在变电站内的人员，避免误碰、误触运行中的控制屏（台）、保护屏、配电屏和高压开关柜等。

安全警戒线采用黄色，宽度宜为50～150mm。

4．防止碰头线

防止碰头线的作用是提醒人们注意在人行通道上方的障碍物，防止意外发生。

防止碰头线采用45°黄色与黑色相间的等宽条纹，宽度宜为50～150mm。

5．防止绊跤线

防止绊跤线的作用是提醒工作人员注意地面上的障碍物，防止意外发生。

防止绊跤线采用45°黄色与黑色相间的等宽条纹，宽度宜为50～150mm。

6．防止踏空线

防止踏空线的作用是提醒工作人员注意通道上的高度落差，避免发生意外。

防止踏空线采用黄色线，宽度为宜为100～150mm。

7．生产通道边缘警戒线

在变电站生产道路运用的安全警戒线的作用是提醒变电站工作人员和机动车驾驶人员避免误入设备区。

生产通道边缘警戒线采用黄色线，宽度宜为100～150mm。

8．设备区巡视路线

设备区巡视路线的作用是提醒变电站工作人员按标准路线进行巡视检查。

设备区巡视路线采用白色实线标注，其线宽宜为100～150mm，在弯道或交叉路口处采取白色箭头标注。也可采取巡视路线指示牌方法进行标注。

3.6.4.2 安全防护设施

安全防护设施用于防止外因引发的人身伤害，包括安全帽、安全工器具柜、安全工器具试验合格证标志牌、固定防护遮栏、区域隔离遮栏、临时遮栏（围栏）、红布幔、孔洞盖板、爬梯遮栏门、防小动物挡板、防误闭锁解锁钥匙箱等设施和用具。

工作人员进入生产现场，应根据作业环境中所存在的危险因素，穿戴或使用必要的防护用品。

3.7 消防安全

火灾是在时间和空间上失去控制地燃烧所造成的灾害。在发、变电生产过程中，有许多容易引起火灾的客观因素，如果防火措施不力，极容易酿成火灾事故，使国家和集体遭受重大损失，给社会造成重大的影响。为确保发电厂、变电站及电力生产的消防安全，必须认真贯彻“以防为主，防消结合”的方针，严格执行《中华人民共和国消防法》和《电力设备典型消防规程》（DL 5027—2015）的相关要求，切实落实消防及防火技术措施，完善电力生产区域必配的消防设施，提高全体员工的消防安全意识和消防安全知识。

3.7.1 燃烧灭火的基本常识

3.7.1.1 物质燃烧的必要条件和充分条件

1．必要条件

物质燃烧须具备以下 3 个必要条件。

（1）可燃物。有气体、液体和固体 3 态，如煤气、汽油、木材、塑料等。

（2）助燃物。泛指空气、氧气及氧化剂。

（3）着火源。如电点火源、高温点火源、冲击点火源和化学点火源等。

以上 3 个条件必须同时具备，并相互结合、相互作用，燃烧才能发生，缺一不可。

2．充分条件

具备了燃烧的必要条件，并不等于燃烧必然发生。在各必要条件中，还有一个“量”的概念，这就是发生燃烧或持续燃烧还须具备充分条件。物质燃烧还须具备 3 个充分条件。

（1）一定的可燃物质浓度。可燃气体或可燃液体的蒸汽与空气混合只在达到一定浓度，才会发生燃烧或爆炸。达不到燃烧所需的浓度，虽有充足的氧气和明火，仍不能发生燃烧。

（2）一定的氧含量。各种不同的可燃物发生燃烧，均有最低含氧量要求。低于这一浓度，虽然燃烧的其他必要条件已经具备，燃烧仍不会发生。

（3）一定的导致燃烧的能量。各种不同可燃物质发生燃烧，均有固定的最小点火能量要求。达到这一能量才能引起燃烧反应，否则燃烧便不会发生。如汽油的最小点火能量为 0.2mJ，乙醚为 0.19mJ，甲醇（2.24%）为 0.215mJ。

3.7.1.2 火灾类型

火灾按着火可燃物类别，一般分为 5 类。

（1）A 类火：固定体有机物质燃烧的火，通常燃烧后会形成炽热的余烬。

（2）B 类火：液体或可熔化固体燃烧的火。

（3）C 类火：气体燃烧的火。

（4）D 类火：金属燃烧的火。

（5）E 类火：燃烧时物质带电的火。

3.7.1.3 灭火原理

灭火原理就是破坏燃烧 3 个必要条件中的某个或几个，以达到终止燃烧的目的。可归纳为隔离、冷却、窒息 3 种基本方法，如表 3-6 所示。

表 3-6 灭火的基本方法

序号	灭火方法	灭火原理	具体施用方法举例
1	隔离法	使燃烧物和未燃烧物隔离，限定灭火范围	（1）搬迁未燃烧物； （2）拆除毗邻燃烧处的建筑物、设备等； （3）断绝燃烧气体、液体的来源； （4）放空未燃烧的气体； （5）抽走未燃烧的液体或放入事故槽； （6）堵截流散的燃烧液体等
2	冷却法	降低燃烧物的温度于燃点之下，从而停止燃烧	（1）用水喷洒冷却； （2）用砂土埋燃烧物； （3）往燃烧物上喷泡沫； （4）往燃烧物上喷射二氧化碳等
3	窒息法	稀释燃烧区的氧量，隔绝新鲜空气进入燃烧区	（1）往燃烧物上喷射氮气、二氧化碳； （2）往燃烧物上喷洒雾状水、泡沫； （3）用砂土埋燃烧物； （4）用石棉被、湿麻袋捂盖燃烧物； （5）封闭着火的建筑物和设备孔洞等

3.7.2 消防设施及器材

3.7.2.1 移动式灭火器材及使用

发电厂、变电站除按规范、标准要求设置自动报警和固定式自动灭火系统外，对其他可能发生火灾的地方，应设置移动式灭火器。目前常用的移动式灭火器主要有水基型、干粉、洁净气体和二氧化碳灭火器。结合电力生产现场的燃烧物质种类，灭火器选择和配置数量，应按照《电力设备典型消防规程》（DL 5027—2015）要求来确定，各类灭火器适用情况如表 3-7 所示。

表 3-7　　灭火器适用情况

<table>
<tr><th rowspan="3">火灾场所类型</th><th colspan="4">水基型灭火器</th><th colspan="2" rowspan="2">干粉灭火器</th><th rowspan="3">洁净气体灭火器</th><th rowspan="3">二氧化碳灭火器</th></tr>
<tr><th colspan="2">水型灭火器</th><th colspan="2">泡沫灭火器</th></tr>
<tr><th>清水</th><th>含可灭B类火的添加剂</th><th>机械泡沫</th><th>抗溶泡沫</th><th>ABC类干粉（磷酸铵盐）</th><th>BC类干粉（碳酸氢钠）</th></tr>
<tr><td rowspan="2">A类（固体物质）火灾场所</td><td colspan="2">适用</td><td colspan="2">适用</td><td>适用</td><td>不适用</td><td>适用</td><td>不适用</td></tr>
<tr><td colspan="2">水能冷却并穿透火焰和固体可燃物质而灭火，并可有效地防止复燃</td><td colspan="2">具有冷却和覆盖可燃物表面并使其与空气隔绝的作用</td><td>粉剂能附着在固体可燃物的表面层，起到窒息火焰的作用</td><td>碳酸氢钠对固体可燃物无黏附作用，只能控火，不能灭火</td><td>具有扑灭A类火灾的效能；洁净气体灭火器的灭火机理和适用性，与卤代烷1211灭火器类同</td><td>灭火器喷出的二氧化碳无液滴，全是气体，对扑灭A类火基本无效</td></tr>
<tr><td rowspan="2">B类（液体或可熔化固体物质）火灾场所</td><td>不适用</td><td>适用</td><td>适用</td><td>适用</td><td colspan="2">适用</td><td>适用</td><td>适用</td></tr>
<tr><td>水柱射流直接冲击油面，会激溅油火，致使火势蔓延，造成灭火困难</td><td>添加了能灭B类火的添加剂，加上喷雾功能，可灭B类火</td><td>适用于扑救非极性溶剂和油品火灾，覆盖可燃物表面，使其与空气隔绝</td><td>适用于扑救极性溶剂火灾</td><td colspan="2">干粉灭火剂能快速窒息火焰，具有中断燃烧过程的连锁反应的化学活性</td><td>洁净气体灭火剂能快速窒息火焰，抑制燃烧连锁反应，而中止燃烧过程</td><td>二氧化碳靠气体堆积在燃烧物表面，稀释并隔绝空气</td></tr>
<tr><td rowspan="2">C类（气体物质）火灾场所</td><td colspan="2">不适用</td><td colspan="2">不适用</td><td colspan="2">适用</td><td>适用</td><td>适用</td></tr>
<tr><td colspan="2">灭火器喷出的细小水流对扑灭气体火灾作用很小，基本无效</td><td colspan="2">泡沫对可燃液体火灭火有效，但扑救可燃气体火基本无效</td><td colspan="2">喷射干粉灭火剂能快速扑灭气体火焰，具有中断燃烧过程的连锁反应的化学活性</td><td>洁净气体灭火剂能抑制燃烧连锁反应，中止燃烧</td><td>二氧化碳窒息灭火，不留残迹，不污损设备</td></tr>
<tr><td rowspan="2">E类（电气设备）火灾场所</td><td colspan="2">不适用</td><td colspan="2">不适用</td><td>适用</td><td>适用</td><td>适用</td><td>适用</td></tr>
<tr><td colspan="4">灭火剂含水，导电，其击穿电压和绝缘电阻等性能指标不符合带电灭火的要求，存在电击伤人等危险</td><td colspan="4">干粉、洁净气体、二氧化碳灭火剂的电绝缘性能合格，带电灭火安全</td></tr>
</table>

注　灭火剂选用需兼顾灭火有效性、对设备及人体的影响。

1．泡沫灭火器

筒身内悬挂装有硫酸铝水溶液和碳酸氢钠发沫剂的混合溶液。使用时勿颠倒。

泡沫灭火器适用于扑救油脂类、石油类产品及一般固体物质的初起火灾。筒内溶液一般每年更换一次。

2．二氧化碳灭火器

二氧化碳呈液态灌入钢瓶内，在 20℃时钢瓶内的压力为 6MPa，使用时液态二氧化碳从灭火器喷出后迅速蒸发，变成固体雪花状的二氧化碳，又称干冰，其温度为－78℃。固体二氧化碳在燃烧物体上迅速挥发而变成气体。当二氧化碳气体在空气含量达到 30%～35%时，物质燃烧就会停止。

二氧化碳灭火器主要适用于扑救贵重设备、档案资料、仪器仪表、额定电压低于 600V 的电器及油脂等的火灾。但不适用于扑灭金属钾、钠的燃烧。

二氧化碳灭火器分为手轮式和鸭嘴式两种手提灭火器，大容量的有推车式。鸭嘴式手提灭火器使用时，一手拿喷筒对准火源，一手握紧鸭舌，气体即可喷出。二氧化碳是电的不良导体，但电压超过 600V 时，必须先停电后灭火。二氧化碳怕高温，存放点温度不应超过 42℃。使用时不要用手摸金属导管，也不要把喷筒对着人，以防冻伤。喷射方向应顺风。一般每季检查两次，当二氧化碳质量比额定质量少 1/10，即应灌装。

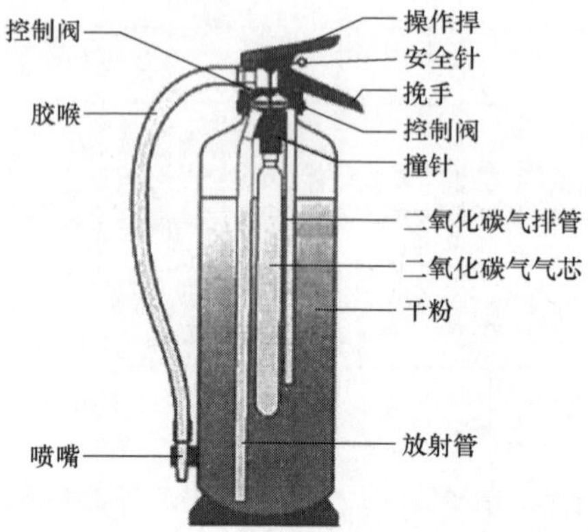

图 3-11　干粉灭火器结构图

3．干粉灭火器

干粉灭火器主要适用于扑救石油及其产品、可燃气体和电气设备的初起火灾。

使用干粉灭火器时先打开保险销，把喷管口对准火源，另一手紧握导杆提环并将顶针压下，干粉即喷出。干粉灭火器的结构图和使用方法分别如图 3-11 和图 3-12 所示。

干粉灭火器应保持干燥、密封，以防止干粉结块，同时应防止日光曝晒，以防二氧化碳受热膨胀而发生漏气。干粉灭火器有手提式和推车式两种。

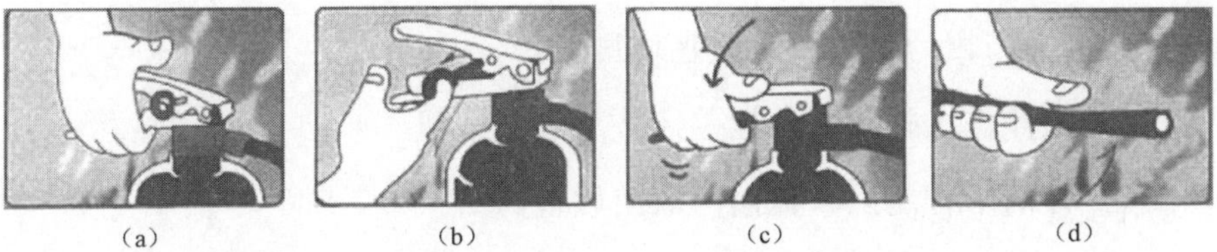

图 3-12 干粉灭火器的使用方法

(a) 提起灭火器;(b) 拔下保险销;(c) 用力压下手柄;(d) 对准火源根部扫射

4. 灭火毯

灭火毯由纤维状隔热耐火材料耐火纤维制成。使用方法如下。

(1) 初期灭火。在起火初期,将灭火毯直接覆盖住火源或着火物体上,可迅速扑灭火源。

(2) 火场逃生。将灭火毯披裹在身上并带上防烟面罩,迅速脱离火场。灭火毯可隔绝火焰,降低火场高温。

3.7.2.2 消火栓

消火栓是接通消防供水的阀门,与水龙带及其后的水枪接通,可用于扑灭室内外火灾。水枪可根据需要,选用直喷(喷射密集充实水流)、开花(既可喷射密集充实水流,又可喷射开花水,用于冷却容器外壁,阻隔辐射掩护灭火人员靠近火区)、喷雾型(直流水枪口加装一只双级离心喷雾头,喷出水雾,扑救油类火灾及油浸变压器、油断路器电气设备、煤粉系统火灾)。

1. 消火栓的使用方法

(1) 一人打开消火栓门,按下内部火警按钮(按钮是报警和启动消防泵的)。

(2) 两人操作,一人取出消防水带,接好枪头和水带奔向起火点,另一人接好水带和阀门口,连接水源。

(3) 一人逆时针打开阀门,记住要慢慢拧开,大声提示另一人(水压极大,快速打开阀门时握水枪的人可能被打到),另一人手握水枪头及水管即可灭火。

(4) 停止旋转阀门,立即协助水枪手灭火。

(5) 灭火完成后,晾干水带,按照安装方式安装到位,贴好封条。

2．消火栓箱内的消防自救软盘使用方法

（1）一人操作，打开消火栓盖，按下启泵按钮。

（2）打开消防管道上软盘阀门取出软管。

（3）拉到火险现场安全区域，水枪头对着起火区域，打开枪头阀门灭火。

（4）灭火完成后，关闭软盘阀门，待水流干后，按照安装方式安装到位，贴好封条。

3．地上室外消火栓使用方法

（1）携带消防水带、水枪到达火场附近消火栓。

（2）将消防水带展开。

（3）一人将消防水带，向着火点展开，并奔向起火点的同时连接枪头和水带，手握水枪头及水管，对准起火点。

（4）另一人将水带和室外消火栓连接，连接时将连接扣准确插入槽，按顺时针方向拧紧。

（5）把消防栓开关用扳手逆时针旋开，对准火源进行喷水灭火。

（6）火灾扑灭后要用扳手沿顺时针方向关闭消火栓。

4．注意事项

（1）扑灭火灾后把水带晾干并复原状态。

（2）电气起火要确定切断电源。

（3）室外消火栓使用完后，需打开排水阀，将消火栓内的积水排出。

3.7.2.3　火灾自动报警系统

火灾自动报警系统主要由火灾探测器、手动火灾报警按钮和火灾报警控制器组成，分为区域报警、集中报警和控制中心报警 3 种。

区域报警系统由火灾探测器、手动火灾报警按钮和区域火灾报警控制器组成，适用于较小范围的保护。集中报警系统由火灾探测器、手动火灾报警按钮、区域火灾报警控制器和集中火灾报警控制器组成，适用较大范围内多个区域的保护。控制中心报警系统由火灾探测器、手动火灾报警按钮、区域火灾报警控制器、集中火灾报警控制器以及消防控制设备组成。

3.7.2.4 固定式灭火系统

固定式灭火系统由固定安装的灭火剂供应源、管路、喷放器件和控制装置组成。火电厂中 200MW 及以上机组的车间（输煤栈桥及有必要装设的仓库）电缆夹层等处都应装设相应的固定式灭火装置。

固定式灭火系统按其喷射的灭火剂种类可分为低倍数泡沫灭火系统、高倍数泡沫灭火系统、喷水灭火系统、泡沫喷淋灭火系统、干粉灭火系统、烟雾灭火系统、卤代烷灭火系统、二氧化碳灭火系统等。电力变压器常用固定式灭火装置主要有变压器排油充氮灭火装置、水喷雾灭火装置、合成型泡沫喷雾灭火装置等。

3.7.3 电力生产火灾事故及预防

3.7.3.1 电力生产火灾的特点

从众多供电企业的火灾事故看，除了雷击、物质自燃、地震等自然原因引发的火灾外，主要都是由于各种供用电设备安装使用不当、违反安全操作规程规定和用火不慎等人为因素引起的。

常见的供电企业电力生产火灾事故主要集中在变/配电站的变压器、电抗器、电缆等设备上，而这部分火灾具有以下特点：

（1）燃烧猛烈，蔓延迅速，易发生爆炸，扩大火势。

（2）火焰高，辐射热强。其火焰可高达数十米，并对其四周产生强烈的热辐射。

（3）易形成沸溢与喷溅。

（4）易造成大面积燃烧。变压器油发生沸溢、喷溅现象，瞬间即可造成大面积燃烧，对在火场内的人员、设备造成极大的威胁。

（5）电缆的绝缘层可燃，火势易顺着电缆蔓延，且燃烧产生有毒有害气体。

3.7.3.2 电力生产火灾的主要起因

（1）违反电气安装安全规定，如电缆、导线、熔丝选用或安装不当，变电设备、用电设备安装不符合规定，没有安装避雷装置或避雷装置安装不当、接地电阻不符合要求，没有安装除静电设备或安装不当，没有安装剩余电流动作保护器或安装不当等。

（2）违反电气使用安全规定，具体包括：

1）发生短路；

2）过负荷；

3）接触电阻过大；

4）其他。如电缆、电力管路未进行防火封堵，静电放电，导线断裂、风偏引起的碰线，忘记切断电源等。

（3）违反安全操作规定，具体包括：

1）违章使用电焊气焊；

2）违章烘烤；

3）储存运输不当；

4）违反操作规程，不按照操作流程操作；

5）其他。如设备缺乏维修保养，违反用火规定等。

（4）工艺布置不合理。易燃易爆场所未采取相应的防火防爆措施，设备缺乏维护、检修，或检修质量低劣。

（5）自燃。

（6）设计、制造原因。电气设备（设施）在设计、制造时就存在缺陷，如设备选型不当、制造工艺不规范等。

3.7.3.3　预防措施

（1）技术措施，具体包括：

1）防止形成燃爆的介质；

2）防止产生着火源，使火灾、爆炸不具备发生的条件；

3）安装防火防爆安全装置。如阻火器、防爆片、防爆窗、阻火闸门以及安全阀等。

（2）组织管理措施，具体包括：

1）加强对防火防爆工作的管理；

2）建立和完善消防安全教育和培训制度，定期防火检查制度，每日防火巡查制度，消防安全疏散设施管理制度等消防安全制度；

3）加强消防安全“四个能力”（检查消除火灾隐患能力、组织扑救初起火灾能力、组织人员疏散逃生能力、消防宣传教育培训能力）建设；

4）按规定组织开展消防安全教育培训和消防演练，提高员工火场逃生自救互救基本技能。

3.7.3.4 电气火灾的安全扑救

电气火灾事故与一般火灾事故有不同的特点：

（1）火灾时电气设备带电，若是不注意，可能使扑救人员触电。

（2）有的较多的电气设备充有大量的油。

因此电气火灾的安全扑救应特别注意以下几项：

（1）采取断电措施，防止扑救人员触电。

（2）选择使用不导电的灭火器具，采用二氧化碳、干粉灭火器，不能使用水溶液或泡沫灭火器材。

（3）如采用水枪灭火，宜用喷雾水枪；在不得已的情况下采用直流水枪灭火时，水枪的喷头必须用软铜线接地；扑救人员穿绝缘靴和戴绝缘手套，防止水柱泄漏电流致使人体触电。

（4）使用水枪灭火时，喷头与110kV带电体的距离要大于3m，与220kV带电体要大于5m；使用不导电的灭火器材的，机体喷嘴距与10kV带电体的距离要大于0.4m，与35kV带电体要大于0.6m。

（5）架空线路着火，在空中进行灭火时，带电导线断落接地，应立即划定警戒区，所有人员距接地处8m以外，防止跨步电压触电。

3.7.4 典型案例：蓄电池故障引发火灾事故

3.7.4.1 简要经过

20××年1月14日10时42分，某市网通分公司消防监控中心发现某分局三楼电池室（无人值守机房）烟雾告警，即通知电力班长窦某和值班员雷某赶往现场察看。二人到达现场后发现电池室内烟雾弥漫，窦某不顾一切冲进电池室查看着火点。10 时 50 分，该分公司总经理和办公室主任赶到现场，切断交流电源，办公室主任头戴空气呼吸器进入现场将窦某拉出；10 时 53 分，打 119 报警；11 时 05 分，通知大楼内人员紧急疏散，撤离大楼；11 时 08 分，消防队到达并于 11 时 30 分扑灭明火。事故造成电池室第一组电池烧毁，第二组受损，幸无人员伤亡。

3.7.4.2 事故原因

公安消防支队经现场勘查认定，着火点在第一组电池右侧最下层的蓄电池，引发火灾事故的原因是电池故障引起高温，长时间的高温引燃蓄电池 ABS 塑料外壳，导致火灾发生。

3.7.4.3 事故教训及防范措施

（1）此事故的主要教训是蓄电池正常维护巡检不到位，未能严格按规程要求落实检查、检测，致使不能及时发现并排除蓄电池故障和安全隐患。

（2）当火灾发生后窦某在无任何防护措施的情况下盲目冲入烟雾弥漫的室内，极易被困室内造成人身伤害，精神可嘉，行为不当，需加强消防安全培训管理。

（3）电池室一般无人值班，应严格按照规定的要求安装火灾自动报警系统。此次事故若未安装火灾自动报警系统并及时告警、相关人员应急处置较为得力，火势势必扩散蔓延，殃及交换、传输机房，危及楼内员工人身安全，后果不堪设想。

3.8 施工机械装备及设施

本节首先介绍了机械装备及设施使用和管理的一般要求，然后详细介绍了常用施工机械装备及设施的使用和检查方法，包括绞磨、抱杆、卡线器、放线架、地锚、链条（手扳）葫芦、钢丝绳、合成纤维吊装带、纤维绳（麻绳）、滑车及滑车组、棘轮紧线器等，最后介绍了电动工具使用和检查的注意事项。

3.8.1 机械装备及设施使用和管理一般要求

作业人员应了解机械装备及设施相关性能，熟悉其使用方法。施工机械装备及设施应有专用库房存放，库房要保持干燥、经常通风。施工机械装备及设施应定期维护、保养，施工机械装备及设施的转动和传动部分应保持润滑，机械装备及设施在运行中不得进行检修或调整，禁止在运行中或未完全停止的情况下清扫、擦拭机械装备及设施的转动部分。

机械装备及设施应统一编号，专人保管。现场使用的机械装备及设施应定期按标准试验并检验合格，自制或改装以及主要部件更换或检修后的机械装备及设施，应按其用途依据国家相关标准进行型式试验，经鉴定合格后方可使用。

机械装备及设施入库、出库、使用前应检查，禁止使用损坏、变形、有故障等不合格的机械装备及设施。机械装备及设施的各种监测仪表以及制动器、限位器、安全阀、闭锁机构等安全装置应完好。

3.8.2 机械装备及设施使用和检查要求

3.8.2.1 绞磨

（1）绞磨应放置平稳，锚固应可靠，受力前方不得有人，锚固绳应有防滑动措施，并可靠接地。

（2）作业前应检查和试车，确认安置稳固、运行正常、制动可靠后方可使用。

（3）作业时禁止向滑轮上套钢丝绳，禁止在卷筒、滑轮附近用手触碰运行中的钢丝绳，禁止跨越行走中的钢丝绳，禁止在导向滑轮的内侧逗留或通过。

3.8.2.2 抱杆

（1）选用抱杆应进行负荷校核。

（2）独立抱杆至少应有 4 根缆风绳，人字抱杆至少应有两根缆风绳并有限制腿部开度的控制绳。所有缆风绳均应固定在牢固的地锚上，必要时经校验合格。

（3）抱杆基础应平整坚实、不积水。在土质疏松的地方，抱杆脚应用垫木垫牢。

（4）缆风绳与抱杆顶部及地锚的连接应牢固可靠；缆风绳与地面的夹角一

般应小于 45°。

3.8.2.3 卡线器

卡线器的规格、材质应与线材的规格、材质相匹配。不得使用有裂纹、弯曲、转轴不灵活或钳口斜纹磨平等缺陷的卡线器。

3.8.2.4 放线架

放线架应支撑在坚实的地面上，松软地面应采取加固措施。放线轴与导线伸展方向应垂直。

3.8.2.5 地锚

（1）地锚的分布和埋设深度，应根据现场所用地锚用途和周围土质设置。

（2）禁止使用弯曲和变形严重的钢质地锚。

（3）禁止使用出现横向裂纹以及有严重纵向裂纹或严重损坏的木质锚桩。

3.8.2.6 链条（手扳）葫芦

（1）使用前应检查吊钩、链条、转动装置及制动装置，吊钩、链轮或倒卡变形以及链条磨损达直径的 10%时，禁止使用。制动装置禁止沾染油脂。

（2）起重链不得打扭，亦不得拆成单股使用。

（3）两台及两台以上链条葫芦起吊同一重物时，重物的质量应小于每台链条葫芦的允许起质量。

（4）使用中发生卡链情况，应将重物垫好后方可检修。

3.8.2.7 钢丝绳

（1）钢丝绳应定期浸油，遇有下列情况之一者应报废。

1）钢丝绳在一个节距中有如表 3-8 所示的断丝数者；

表 3-8　　钢丝绳报废断丝数

安全系数	钢丝绳结构					
	6×19＋1		6×37＋1		6×61＋1	
	一个节距中的断丝数（根）					
	交互捻	同向捻	交互捻	同向捻	交互捻	同向捻
＜6	12	6	22	11	36	18

续表

安全系数	钢丝绳结构					
	6×19+1		6×37+1		6×61+1	
	一个节距中的断丝数（根）					
	交互捻	同向捻	交互捻	同向捻	交互捻	同向捻
6～7	14	7	26	13	38	19
>7	16	8	30	15	40	20

注　一个节距是指每股钢丝绳缠绕一周的轴向距离。

2）钢丝绳的钢丝磨损或腐蚀达到钢丝绳实际直径比其公称直径减少7%或更多者；

3）钢丝绳受过严重退火或局部电弧烧伤者；

4）绳芯损坏或绳股挤出者；

5）笼状畸形、严重扭结或弯折者；

6）钢丝绳压扁变形及表面起毛刺严重者；

7）钢丝绳断丝数量不多，但断丝快速增加者。

（2）插接的环绳或绳套，其插接长度应大于钢丝绳直径的15倍，且不得小于300mm。新插接的钢丝绳套应作125%允许负荷的抽样试验。

（3）通过滑轮及卷筒的钢丝绳不得有接头。

3.8.2.8　合成纤维吊装带

（1）合成纤维吊装带使用应避免与尖锐棱角接触，若无法避免应装设护套。

（2）吊装带用于不同承重方式时，应严格按照标签给予的定值使用。

（3）禁止使用外部护套破损显露出内芯的合成吊装带。

3.8.2.9　纤维绳（麻绳）

（1）禁止使用出现松股、散股、断股、严重磨损的纤维绳。纤维绳（麻绳）有霉烂、腐蚀、损伤者不得用于起重作业。

（2）机械驱动时禁止使用纤维绳。

（3）切断绳索时，应先将预定切断的两边用软钢丝扎结，以免切断后绳索松散，断头应编结处理。

3.8.2.10 滑车及滑车组

（1）滑车及滑车组使用前应检查，禁止使用有裂纹、轮沿破损等情况的滑轮。

（2）使用的滑车应有防止脱钩的保险装置或封口措施。使用开门滑车时，应将开门勾环扣紧，防止绳索自动跑出。

（3）滑车不得拴挂在不牢固的结构物上。拴挂固定滑车的桩或锚应埋设牢固可靠。

（4）若使用的滑车可能着地，则应在滑车底下垫以木板，防止垃圾窜入滑车。

3.8.2.11 棘轮紧线器

（1）使用前应检查吊钩、钢丝绳、转动装置及换向爪，吊钩、棘轮或换向爪磨损达10%者禁止使用。各连接部位出现松动或钢丝绳有断丝、锈蚀、退火等情况时禁止使用。

（2）操作时，操作人员不得站在棘轮紧线器正下方。

3.8.3 电动工具使用和检查

（1）连接电动机械及电动工具的电气回路应单独设开关或插座，并装设剩余电流动作保护装置，金属外壳应接地；电动工具应做到“一机一闸一保护”。

（2）电动工具使用前，应检查确认电线、接地或接零完好；检查确认工具的金属外壳可靠接地。

（3）长期停用或新领用的电动工具应用绝缘电阻表测量其绝缘电阻，若带电部件与外壳之间的绝缘电阻值达不到2MΩ，禁止使用。电动工具的电气部分维修后，应进行绝缘电阻测量及绝缘耐压试验。

（4）使用电动工具，不得手提导线或转动部分。使用金属外壳的电动工具，应戴绝缘手套。

（5）电动工具的电线不得接触热体或放在湿地上，使用时应避免载重车辆和重物压在电线上。

（6）在使用电动工具的工作中，因故离开工作场所或暂时停止工作以及遇到临时停电时，应立即切断电源。

（7）在一般作业场所（包括金属构架上），应使用Ⅱ类电动工具（带绝缘外壳的工具）。

（8）在潮湿或含有酸类的场地上以及在金属容器内，应使用24V及以下电动工具或Ⅱ类电动工具，并装设额定动作电流小于10mA、一般型（无延时）的剩余电流动作保护装置，且应设专人不间断监护。剩余电流动作保护装置、电源连接器和控制箱等应放在容器外面。电动工具的开关应设在监护人伸手可及的地方。

本章小结

电力生产的工作人员在实际的工作中常常面临安全问题。本章通过讲述不同环境下工作会面临的风险，工作的基本要求、安全要求，如何预防事故、保证工作人员的人身安全等。使电力生产工作人员掌握了必备的通用安全技能，提高了安全生产的操作水平与安全意识，从而杜绝违章作业的行为，避免安全事故的发生。

第4章 应 急 技 能

本章概要

安全生产不仅仅涉及事故的防范措施，还包括处理事故的应急技能。当发生事故时，处理措施不及时或不恰当，可能会造成更加严重的损失，因此每一个电力工作者都应掌握相应的应急技能，确保在紧急情况下能够采取有效的施救措施。增强电力工作者应对突发事件的综合反应能力是挽救生命的关键。

4.1 应急管理

4.1.1 应急管理概述

4.1.1.1 应急管理的定义

应急管理是在应对突发事件的过程中，为了预防和减少突发事件的发生，控制、减轻和消除突发事件引起的危害，基于对造成突发事件的原因、突发事件发生和发展过程以及所产生的负面影响的科学分析，有效集成社会和企业各方面的资源，对突发事件进行有效预防、准备、响应和恢复的一整套理论、方法和技术体系。

概括地说，应急管理就是对突发事件进行有效预防、准备、响应和恢复的过程。

4.1.1.2 应急管理概念的理解要点

（1）降低危害。

（2）分析发生和发展过程以及产生的负面影响。

（3）集成资源。

（4）应对突发事件。

4.1.1.3 应急管理的特征

（1）管理主体可以是政府、单位、企业。

（2）管理对象是突发事件。

（3）管理目标是降低或减少突发事件带来的影响和损失。

（4）管理阶段包括预防、准备、响应、恢复。

4.1.1.4 应急管理各阶段具体工作内容

1．预防阶段

（1）预防和减少突发事件发生（少发生）。

（2）突发事件已经发生了，如何减轻灾害、灾难和灾祸造成的危害。

这些工作主要靠平时做，也是应急管理常态化管理的内容。人们虽然不能阻止突发事件的发生，但绝对能够预防或减少损失。

2．准备阶段

（1）制定各种类型的应急预案。

（2）设法增加灾害发生时可调用的资源。

3．响应阶段

（1）受害者或受困者提供各种各样的救助。

（2）各种救援行动要防止二次伤害。

（3）及时收集灾情信息等。

4．恢复阶段

（1）软件恢复，包括生产秩序、生活秩序、社会秩序等。

（2）硬件重建，是指路、水、电等的恢复。

4个阶段构成一个循环，每一阶段都起源于前一阶段，同时又是后一阶段的前提。相邻两个阶段之间会有交叉和重叠。

4.1.2 突发事件概述

4.1.2.1 突发事件的定义

突发事件，又称突发公共事件，是指突然发生的，造成或可能造成严重危害或损失的紧急事件。

《中华人民共和国突发事件应对法》对突发公共事件的定义是突然发生，造成或者可能造成严重社会危害，需要采取应急处置措施予以应对的自然灾害、事故灾难、公共卫生事件和社会安全事件。

4.1.2.2 突发事件的分类

根据突发公共事件的发生过程、性质和机理，突发公共事件主要分为以下 4 类。

1．自然灾害

主要包括水旱灾害，气象灾害，地震灾害，地质灾害，海洋灾害，生物灾害和森林草原火灾等。

2．事故灾难

主要包括工矿商贸等企业的各类安全事故，交通运输事故，公共设施和设备事故，环境污染和生态破坏事件等。

3．公共卫生事件

主要包括传染病疫情，群体性不明原因疾病，食品安全和职业危害，动物疫情以及其他严重影响公众健康和生命安全的事件。

4．社会安全事件

主要包括恐怖袭击事件，经济安全事件和涉外突发事件等。

4.1.2.3 突发事件的分级

我国将突发事件分特别重大、重大、较大、一般 4 级。

突发事件分级的目的是落实责任，分级处置，节省资源。

各类突发事件的分级标准由国务院或者国务院确定的部门制定。

4.1.2.4 突发事件的特点

1．社会性和公共性

突发事件发生，会对社会公众造成巨大冲击、严重损失及不良影响。随着新闻媒介的发展和信息传播的快速及广泛，突发事件往往立即成为社会和舆论关注的焦点，甚至成为国际社会和公众谈论的热点话题。因此，社会或企业必须快速反应、正确决策、处置得当，使突发事件可控、能控、在控。确保社会稳定、民心安定、企业安宁、减灾有效。

2．突发性和紧迫性

突发事件发生，往往突如其来，出乎人们意料。有些突发事件往往在瞬间爆发，出其不意，使人们措手不及，严重危及人民生命财产安全。拖不得，推不得，迟不得。没有行动，就会丧失时机，需及时采取应对措施。

3．潜在性和隐秘性

突发事件具有潜在性和隐秘性特征，爆发的征兆不甚明显，即使有一些蛛丝马迹，但没有引起人们的警觉，使社会或企业不能有效预知，或虽然预知，也因应急预案的不完善或准备不足而不能有效应对。如美国“9·11”恐怖袭击事件、上海“11·15”特大火灾和温州“7·23”特大铁路交通事故，其隐秘性大大出乎社会和公众的意料。

4．危害性和破坏性

突发事件发生，对生命财产、社会秩序、公共安全构成严重威胁，可能造成巨大的生命、财产损失或社会秩序的严重动荡。

5．关联性和蔓延性

一起突发事件可能会引起其他事件。如果对突发事件初期处置不力、控制不当，又会辐射、传导，引发其他危机，造成多米诺骨牌效应。如2008年2月的雨雪冰冻天气，险些引发广州火车站骚乱事件发生。

6．不确定性和复杂性

突发事件的突出表现是爆发时间的不确定性、状态的不确定性、影响的不确定性和后果的不确定性。突发事件瞬息万变，人们无法用常规进行判断，也无相同的事件可供借鉴。突发事件的产生、发展及其影响往往背离人们的主观愿望，其后果和影响难以在短期内消除。典型的例子是1986年发生的切尔诺贝利事故造成了严重后果和不良国际影响。

突发事件的复杂性是由其产生原因的复杂性以及事件的危害性、急迫性和辐射性所决定的，务必引起我们的高度警觉，采取针对性措施加以消除。

4.1.3 电网企业应急预案体系

4.1.3.1 应急预案的定义

应急预案是指针对可能发生的各类突发事件（事故），为迅速、有序地开展应急行动而预先制定的行动方案。

从定义可以看出，应急预案本质是行动计划，内容包括应急预防、准备、响应和恢复全过程的措施，目标是预防和降低影响及损失，且必须是事先制定的，事后制定的不能叫预案。

4.1.3.2 应急预案的作用

（1）明确应急处置工作的职责和流程，保障应急处置工作迅速、高效、有序地开展，降低人员、财产等损失。

（2）对于事先未预料（或无法预料）的突发事件，也可以起到基本的指导作用。

（3）建立了内外部、上下级应急预案的衔接，可以确保内外部、上下级之间的协调与联动。

（4）有利于提高风险防范意识。应急预案编制过程是对风险辨识和防范的过程，应急预案的宣传、培训、演练等活动可使各方了解可能面临的突发事件及应急响应措施，有利于促进各方提高风险防范意识和能力。

（5）有利于促进应急工作的制度化、规范化。

4.1.3.3 应急预案的类别

（1）按突发事件的性质划分为自然灾害应急预案、事故灾难应急预案、公共卫生事件应急预案、社会安全事件应急预案。

（2）按应急预案的功能与目标划分为总体应急预案、专项应急预案、现场处置方案。

（3）按应急预案的行政区域划分为国家级应急预案、省级应急预案、地市级应急预案、县区级应急预案、基层组织应急预案、企业应急预案。

（4）按应急预案的性质划分为指导性应急预案、操作性应急预案。

（5）按责任主体分为政府应急预案、企业应急预案。

4.1.4 电网企业应急预案体系各级预案设置原则

电网企业应急预案体系的结构按照总体应急预案、专项应急预案、现场处置方案 3 级设置。

4.1.4.1 总体应急预案

总体应急预案是电网企业组织管理、指挥协调突发事件处置工作的指导原则和程序规范，是应对各类突发事件的综合性文件。总体应急预案应对应急组织机构及职责、预案休系的构成及相应程序、事故预防及应急保障、事件分类分级、应急培训及预案演练等作出详细、明确的规定。电网企业必须设置一个总体应急预案。

4.1.4.2 专项应急预案

专项应急预案是针对具体的突发事件、危险源和应急保障制订的计划或方案。专项预案的设置，必须利于电网企业内部上下对应，以及与各级政府实现预案的衔接，并保持预案体系较长时间的稳定。例如国家电网有限公司系统的省（自治区、直辖市）电力公司、地市公司级单位和县公司级单位应当设置 22 个专项预案。

4.1.4.3 现场处置方案

现场处置方案是针对特定的场所、设备设施、岗位，在详细分析现场风险和危险源的基础上，针对典型的突发事件，制定的处置措施和主要流程。现场处置方案是应急预案体系的重要组成部分，其核心是发生突发事件时，作业现场人员能够按照应急处置程序采取有效处置措施，开展自救互救工作，以控制、延缓事件的发展，为后续处置工作赢得先机和主动，提高整体应急处置工作的质量和效果。

4.2 触电急救

4.2.1 触电急救的原则

触电急救应分秒必争，一经明确呼吸、心跳停止的，立即就地用口对口（鼻）人工呼吸和胸外心脏按压方法，坚持不断地进行抢救，同时及早与医疗急救中心（医疗部门）联系，争取医务人员接替救治。在医务人员接替救治前，不应放弃现场抢救，更不能只根据没有呼吸或脉搏的表现，擅自判定触电伤员死亡，放弃抢救。只有医生有权做出触电伤员死亡的诊断。

4.2.2 脱离电源的方法

4.2.2.1 低压触电脱离电源的方法

（1）如果触电地点附近有电源开关或电源插座，可立即拉开开关或拔出插头，断开电源。

（2）如果触电地点附近没有电源开关或电源插座（头），可用有绝缘柄的电工钳或有干燥木柄的斧头切断电线，断开电源。

（3）当电线搭落在触电伤员身上或压在身下时，可用干燥的衣服、手套、绳索、皮带、木板、木棒等绝缘物作为工具，拉开触电伤员或挑开电线，使触电伤员脱离电源。

（4）如果触电伤员的衣服是干燥的，并未紧缠在身上，可用单手抓住其衣服，将其拉离电源。

（5）若触电发生在低压带电的架空线路上或配电台架、进户线上，对可立即切断电源的，则应迅速断开电源，救护者迅速登杆或登至可靠地方，并做好自身防触电、防坠落安全措施，用带有绝缘胶柄的钢丝钳、绝缘物体或干燥不导电物体等工具将触电伤员脱离电源。

4.2.2.2 高压触电脱离电源的方法

（1）立即通知调度和上级部门停电。

（2）戴上绝缘手套，穿上绝缘靴，用相应电压等级的绝缘工具按顺序拉开电源开关或熔断器。

4.2.3 脱离电源时的注意事项

（1）救护人不可直接用手、其他金属及潮湿的物体作为救护工具，而应使用适当的绝缘工具。救护人最好用单手操作，以防自身触电。

（2）防止触电伤员脱离电源后可能的摔伤，特别是当触电伤员在高处的情况下，应采取有效的防坠落措施。即使触电伤员在平地，也要注意触电伤员倒下的方向，以防摔伤。救护者在救护中应注意自身的防坠落、摔伤措施。

（3）救护者在救护过程中特别是在杆上或高处抢救触电伤员时，要注意自身和被救者与附近带电体之间的安全距离，防止再次触及带电设备。即使电气设备、线路电源已断开，对未做安全措施挂上接地线的设备也应视作有电设备。救护人员登高时应随身携带必要的绝缘工具和牢固的绳索等。

（4）如触电事故发生在夜间，应设置临时照明灯，以便于抢救，避免意外事故，但不能因此延误切除电源和进行急救的时间。

4.2.4 触电伤员脱离电源后的处理

（1）判断意识。判断伤员有无意识的方法是轻拍伤员肩部，高声喊叫或直呼其姓。如有意识，立即送医院。如眼球固定、瞳孔散大，无反应时，立即用手指甲掐压人中穴、合谷穴约5s，如图4-1所示。

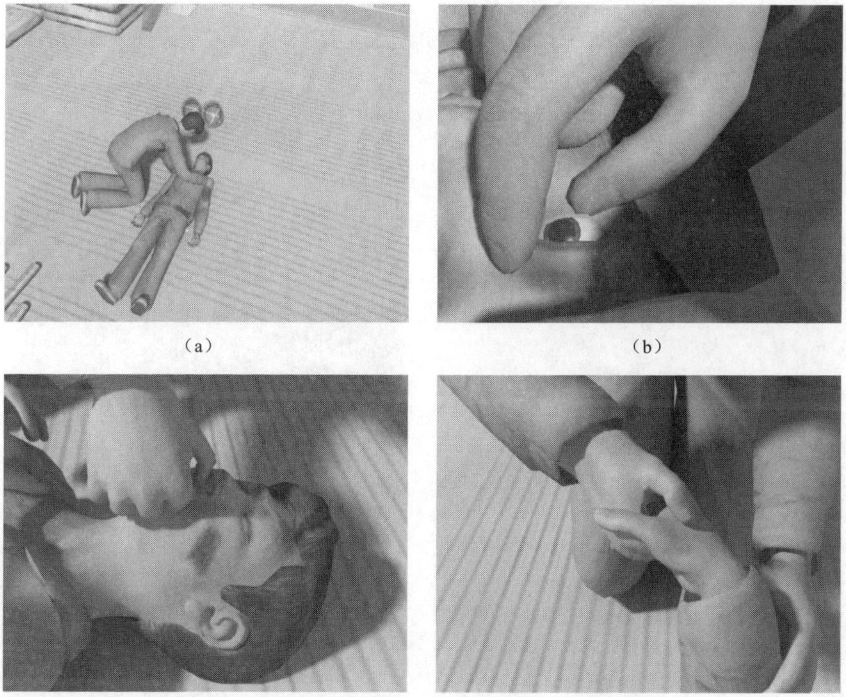

（a）　　　　（b）

（c）　　　　（d）

图4-1 触电伤员脱离电源后的处理-判断意识

（a）轻拍伤员肩部；（b）观察伤员眼睛；（c）用手指甲掐压伤员人中穴；（d）用手指甲掐压伤员合谷穴

（2）呼救。一旦初步确定伤员意识丧失，应立即呼救，招呼周围的人前来协助抢救，如图 4-2 所示。

（3）放置体位。正确的抢救体位是仰卧位。患者头、颈、躯干平卧无扭曲，双手放于躯干两侧，如图 4-3 所示。

图 4-2　触电伤员脱离电源后的处理-呼救

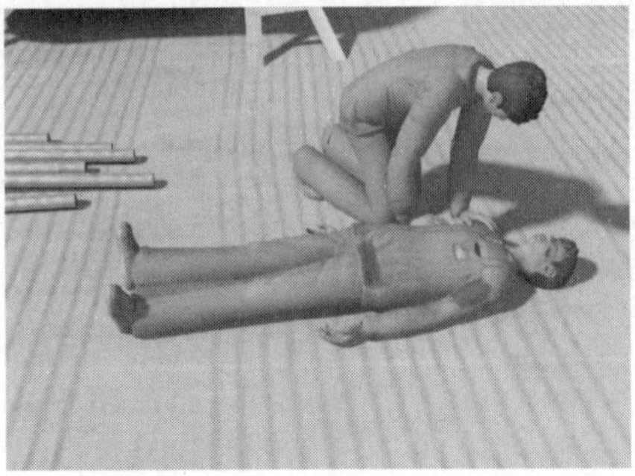

图 4-3　触电伤员脱离电源后的处理-放置体位

（4）通畅气道。当发现触电伤员呼吸微弱或停止时，应立即通畅触电伤员的气道以促进触电伤员呼吸或便于抢救。通畅气道主要采用仰头举颏法，如图 4-4 所示。

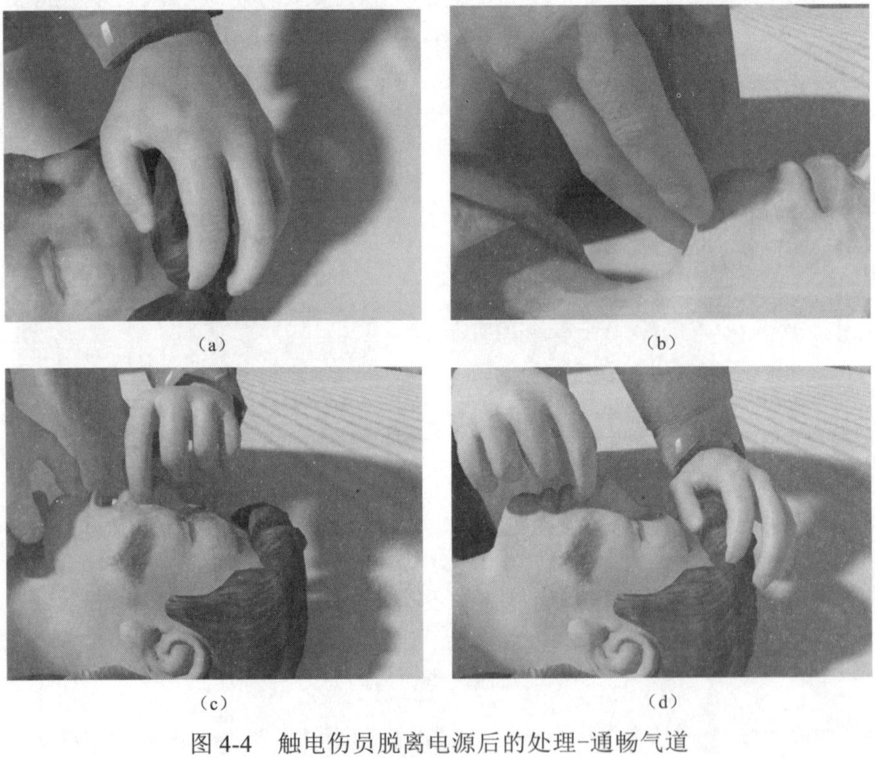

（a）　（b）

（c）　（d）

图 4-4　触电伤员脱离电源后的处理-通畅气道

（a）摆正伤员；（b）抬起下颚；（c）口腔检查；（d）清理异物

（5）判断呼吸。触电伤员如意识丧失，应在开放气道后10s内用看、听、试的方法判定触电伤员有无呼吸，如图4-5所示。

（6）口对口（鼻）人工呼吸。当判断触电伤员确实不存在呼吸时，应即进行口对口（鼻）的人工呼吸，如图4-6所示。

图4-5 触电伤员脱离电源后的处理-判断呼吸

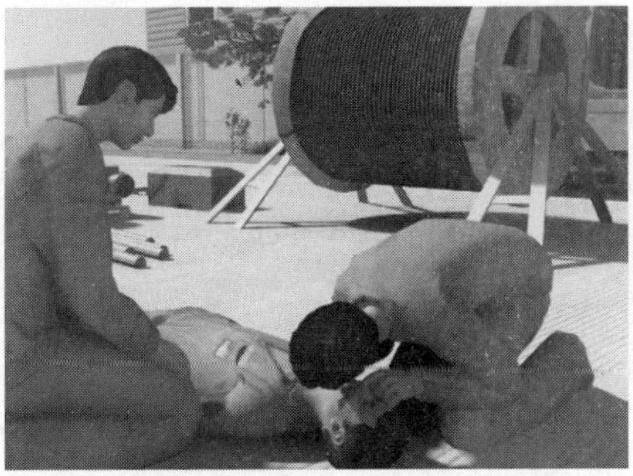

图4-6 触电伤员脱离电源后的处理-口对口（鼻）人工呼吸

1）在保持呼吸通畅的位置下进行。用按于前额一手的拇指与食指，捏住触电伤员鼻孔（或鼻翼）下端，以防气体从口腔内经鼻孔逸出，施救者深吸一口气屏住并用自己的嘴唇包住（套住）触电伤员微张的嘴。

2）每次向触电伤员口中吹（呵）气持续1～1.5s，同时仔细地观察触电伤员胸部有无起伏，如无起伏，说明气未吹进。

3）一次吹气完毕后，应即与触电伤员口部脱离，轻轻抬起头部，面向触电伤员胸部，吸入新鲜空气，以便作下一次人工呼吸。同时使触电伤员的口张开，捏鼻的手也可放松，以便触电伤员从鼻孔通气，观察触电伤员胸部向下恢复时，则有气流从触电伤员口腔排出。

抢救一开始，应即向触电伤员先吹气两口，吹气时胸廓隆起者，人工呼吸有效；吹气无起伏者，则气道通畅不够，或鼻孔处漏气、吹气不足、气道有梗阻，应及时纠正。须注意：①每次吹气量不要过大，约600mL，大于1200mL会造成胃扩张；②吹气时不要按压胸部；③抢救一开始的首次吹气两次，每次为1～1.5s；④有脉搏无呼吸的触电伤员，则每5s吹一口气，每分钟吹气12次；

⑤口对鼻人工呼吸（见图 4-7）适用于有严重下颌及嘴唇创伤、牙关紧闭、下颌骨骨折等情况的难以采用口对口吹气法的触电伤员。

（7）脉搏判断。在检查触电伤员的意识、呼吸、气道之后，应对触电伤员的脉搏进行检查，以判断触电伤员的心脏跳动情况，如图 4-8 所示。

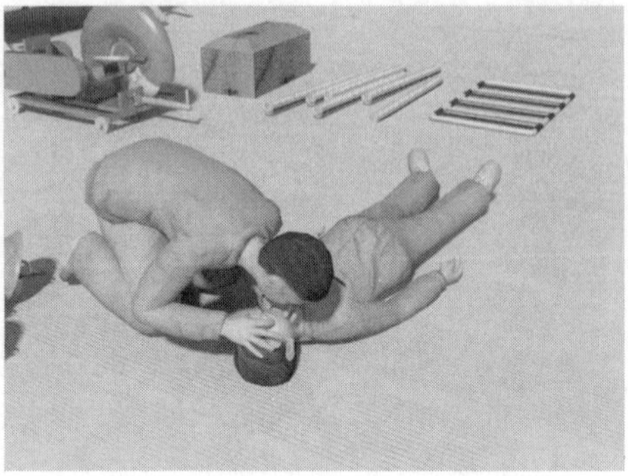

图 4-7　口对鼻人工呼吸

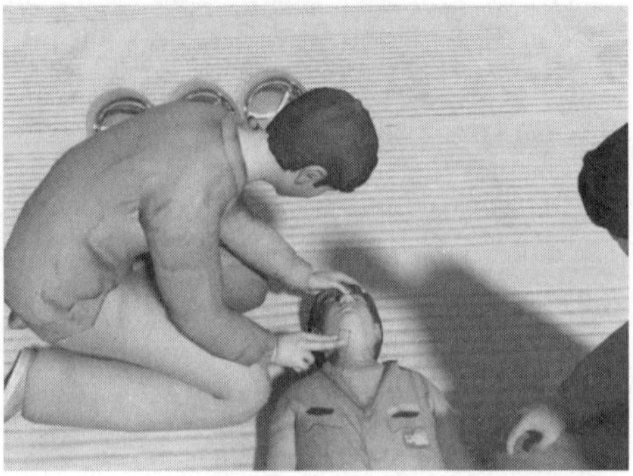

图 4-8　触电伤员脱离电源后的处理-脉搏判断

（8）胸外心脏按压。当判断触电伤员确实停止心跳时，应即进行胸外心脏按压，如图 4-9 所示。

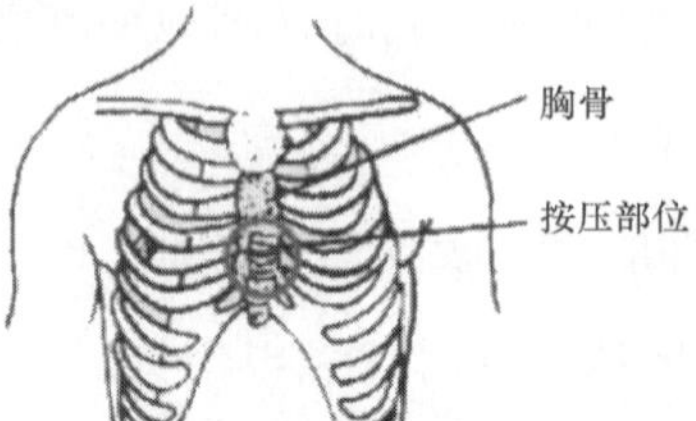

（a）

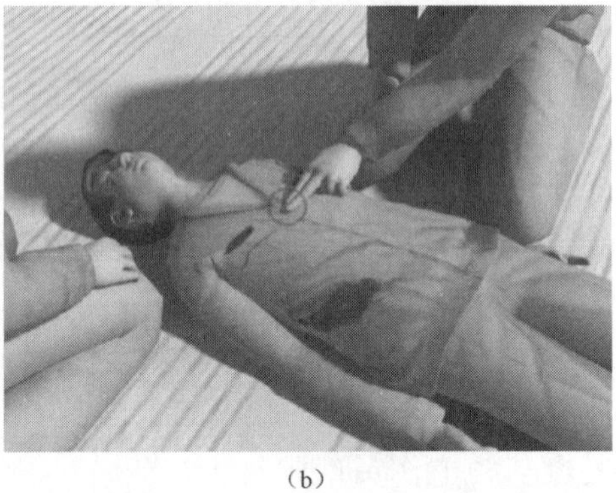

（b）

图 4-9　触电伤员脱离电源后的处理—胸外心脏按压

（a）按压部位—胸骨中 1/3 与下 1/3 交界处；（b）按压部位—两乳头连线中点

在对心跳停止者进行按压前，先手握空心拳，快速垂直击打触电伤员胸前区胸骨中下段 1～2 次，每次间隔为 1～2s，力量中等；若无效，则立即胸外心脏按压，不能耽误时间。胸外心脏按压如图 4-10 所示。

1）按压部位：胸骨中 1/3 与下 1/3 交界处。

2）触电伤员体位：触电伤员应仰卧于硬板床或地上。如为弹簧床，则应在触电伤员背部垫一硬板。硬板长度及宽度应足够大，以保证按压胸骨时，触电伤员身体不会移动。但不可因找寻垫板而延误开始按压的时间。

3）快速测定按压部位的方法分为 5 个步骤：

a．首先触及触电伤员上腹部，以食指及中指沿触电伤员肋弓处向中间滑移；

b．在两侧肋弓交点处寻找胸骨下切迹，以切迹作为定位标志，不要以剑突下定位；

c．然后将食指及中指两横指放在胸骨下切迹上方，食指上方的胸骨正中部即为按压区；

d．以另一手的掌根部紧贴食指上方，放在按压区；

e．再将定位之手取下，重叠将掌根放于另一手背上，两手手指交叉抬起，使手指脱离胸壁。

4）按压姿势：抢救者双臂绷直，双肩在触电伤员胸骨上方正中，靠自身重量垂直向下按压。

5）按压用力方式：

a．按压应平稳，有节律地进行，不能间断；

b．不能冲击式地猛压；

c．下压及向上放松的时间应相等，按压至最低点处，应有一明显的停顿；

d．垂直用力向下，不要左右摆动；

e．放松时定位的手掌根部不要离开胸骨定位点，但应尽量放松，务使胸骨不受任何压力。

6）按压频率：应保持在 100 次/min。

7）按压与人工呼吸的比例：成人通常为 30:2。

8）按压深度：成人触电伤员通常为 4～5cm。

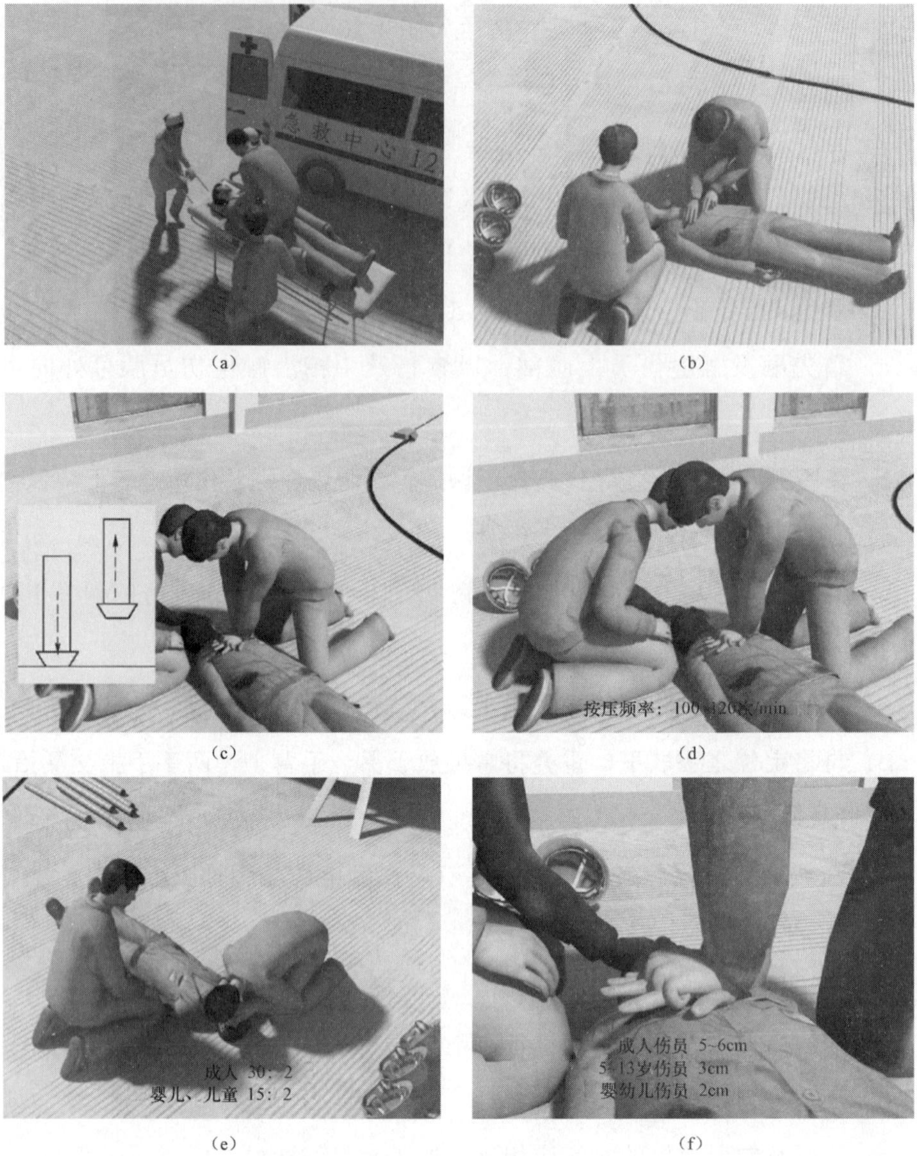

图 4-10 胸外心脏按压

(a) 触电伤员体位—仰卧于硬板床或地上；(b) 快速测定按压部位；(c) 按压用力方式；(d) 按压频率；(e) 按压与人工呼吸的比例；(f) 按压深度

4.2.5 杆上触电急救

发现杆塔上或高处有人触电，要争取时间及早在杆塔上或高处开始抢救。触电者脱离电源后，应迅速将伤员扶卧在救护人的安全带上（或在适当地方躺平），然后根据伤者的意识、呼吸及颈动脉搏动情况来进行急救。应提醒的是高处抢救触电者，迅速判断其意识和呼吸是否存在是十分重要的。若呼吸已停止，开放气道后立即口对口（鼻）吹气 2 次，再测试颈动脉，如有搏动，则每 5s 继续吹气次；若颈动脉无搏动，可用空心拳头叩击心前区 2 次，促使心脏复跳。为使抢救更为有效，应立即设法将伤员营救至地面，并继续按心肺复苏法坚持抢救。杆上触电急救如图 4-11 所示。

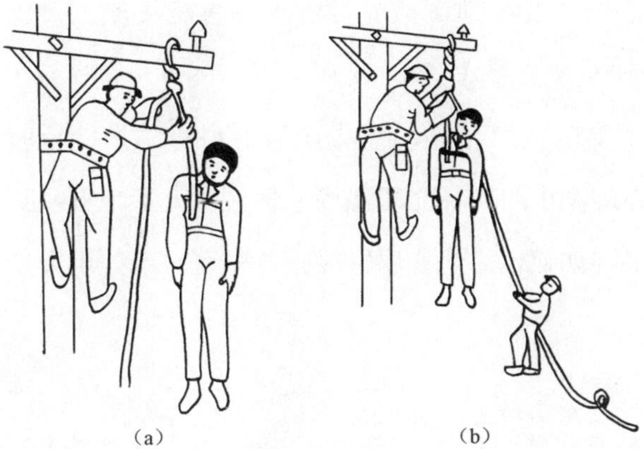

(a) (b)

图 4-11 杆上触电急救

（a）单人营救法；（b）双人营救法

（1）单人营救法。首先在杆上安装绳索，将绳子的一端固定在杆上，固定时绳子要绕 2～3 圈，绳子的另一端放在伤员的腋下，绑的方法要先用柔软的物品垫在腋下，然后用绳子绕 1 圈，打 3 个扣结，绳头塞进伤员腋旁的圈内并压紧，绳子的长度应为杆的 1.2～1.5 倍，最后将伤员的脚扣和安全带松开，再解开固定在电杆上的绳子，缓缓将伤员放下。

（2）双人营救法。该方法基本与单人营救方法相同，只是绳子的另一端由杆下人员握住缓缓下放，此时绳子要长一些，应为杆高的 2.2～2.5 倍，营救人员要协调一致，防止杆上人员突然松手，杆下人员没有准备而发生意外。

4.3 其他急救

4.3.1 其他急救的原则

应急指挥人员为了尽快扼制事故发生和蔓延，尽可能减少人员伤亡和财产损失，所有参与应急计划实施的人员必须做到一切行动听指挥，必须遵守以下应急原则。

（1）一般要先救人后救物。

（2）重大火灾先报警后灭火。

（3）可燃气体泄漏着火，不应立即扑灭火灾，应先进行隔离以防爆炸。

（4）大量液态烃、瓦斯泄漏应先控制现场各种火源。

（5）容器先泄压以防爆炸。

（6）现场中毒窒息人员抢救，首先应做好自身防护，抢救出来的伤员送急救中心。中毒和心跳停止的伤员立即现场急救（做人工呼吸和胸外心脏按压法）。

（7）被化学品（如氨水）烧伤腐蚀时，首先要对患处用大量清洁水冲洗 20～30min。

4.3.2 创伤急救

（1）创伤急救原则是先抢救、后固定、再搬运，并注意采取措施，防止伤情加重或污染。需要送医院救治的，应立即做好保护伤员措施后送医院救治。急救成功的条件是动作快，操作正确，任何延迟和误操作均可加重伤情，并可导致死亡。

（2）抢救前先使伤员安静躺平，判断全身情况和受伤程度，如有无出血、骨折和休克等。

（3）外部出血立即采取止血措施，防止失血过多而休克。外观无伤，但呈休克状态、意识不清或昏迷者，要考虑胸腹部内脏或脑部受伤的可能性。止血方法如下。

1）伤口渗血：用较伤口稍大的消毒纱布数层覆盖伤口，然后进行包扎。若包扎后仍有较多渗血，可再加绷带适当加压止血。

2）伤口出血呈喷射状或鲜红血液涌出时，立即用清洁手指压迫出血点上方（近心端），使血流中断，并将出血肢体抬高或举高，以减少出血量。

3）用止血带或弹性较好的布带等止血时，应先用柔软布片或伤员的衣袖等数层垫在止血带下面，再扎紧止血带以刚使肢端动脉搏动消失为度。上肢每60min、下肢每 80min 放松一次，每次放松 1～2min。开始扎紧与每次放松的时间均应书面标明在止血带旁。扎紧时间不宜超过 4h。不要在上臂中 1/3 处和窝下使用止血带，以免损伤神经。若放松时观察已无大出血可暂停使用。

4）严禁用电线、铁丝、细绳等作止血带使用。

5）高处坠落、撞击、挤压可能有胸腹内脏破裂出血。受伤者外观无出血但常表现面色苍白、脉搏细弱、气促、冷汗淋漓、四肢厥冷、烦躁不安、意识不清等休克状态，应迅速躺平，保持温暖，速送医院救治。若送院途中时间较长，可给伤员饮用少量糖盐水。

（4）为防止伤口感染，应用清洁布片覆盖。救护人员不得用手直接接触伤口，更不得在伤口内填塞任何东西或随便用药。

（5）搬运时应使伤员平躺在担架上，腰部束在担架上，防止跌下。平地搬运时伤员头部在后，上楼、下楼、下坡时头部在上，搬运中应严密观察伤员，防止伤情突变。

（6）若怀疑伤员有脊椎损伤（高处坠落者），在放置体位及搬运时必须保持脊柱不扭曲、不弯曲，应将伤员平卧在硬质平板上，并设法用沙土袋（或其他代替物）放置头部及躯干两侧以适当固定之，以免引起截瘫。

4.3.3 骨折急救

（1）若肢体骨折，可用夹板或木棍、竹竿等将断骨上、下方两个关节固定，也可利用伤员身体进行固定，避免骨折部位移动，以减少疼痛，防止伤势恶化。开放性骨折，伴有大出血者，先止血、再固定，并用干净布片覆盖伤口，然后速送医院救治。切勿将外露的断骨推回伤口内。

（2）疑有颈椎损伤，在使伤员平卧后，用沙土袋（或其他代替物）放置头部两侧使颈部固定不动。应进行口对口呼吸时，只能采用抬颌使气道通畅，不能再将头部后仰移动或转动头部，以免引起截瘫或死亡。

（3）若腰椎骨折，应将伤员平卧在平硬木板上，并将腰椎躯干及两侧下肢一同进行固定预防瘫痪。搬动时应数人合作，保持平稳，不能扭曲。

4.3.4 烧伤急救

（1）电灼伤、火焰烧伤或高温气、水烫伤均应保持伤口清洁。伤员的衣服鞋袜用剪刀剪开后除去。伤口全部用清洁布片覆盖，防止污染。四肢烧伤时，先用清洁冷水冲洗，然后用清洁布片或消毒纱布覆盖送医院。

（2）强酸或碱灼伤应迅速脱去被溅染衣物，现场立即用大量清水彻底冲洗，然后用适当的药物给予中和，冲洗时间不少于10min。被强酸烧伤应用5%碳酸氢钠（小苏打）溶液中和。被强碱烧伤应用0.5%～5%醋酸溶液、5%氯化铵或10%枸橼酸液中和。

（3）未经医务人员同意，灼伤部位不宜敷搽任何东西和药物。

（4）送医院途中，可给伤员多次少量口服糖盐水。

4.3.5 动物咬伤急救

4.3.5.1 毒蛇咬伤

（1）毒蛇咬伤后，不要惊慌、奔跑、饮酒，以免加速蛇毒在人体内扩散。

（2）咬伤大多在四肢，应迅速从伤口上端向下方反复挤出毒液，然后在伤口上方（近心端）用布带扎紧，将伤肢固定，避免活动，以减少毒液的吸收。

（3）有蛇药时可先服用，再送往医院救治。

4.3.5.2 犬咬伤

（1）犬咬伤后应立即用浓肥皂水或清水冲洗伤口至少15min，同时用挤压法自上而下将残留伤口内唾液挤出，然后再用碘酒涂搽伤口。

（2）少量出血时，不要急于止血，也不要包扎或缝合伤口。

（3）尽量设法查明该犬是否为疯狗，这对于医院制订治疗计划有较大帮助。

4.3.6 溺水急救

（1）发现有人溺水应设法迅速将其从水中救出，呼吸心跳停止者用心肺复苏法坚持抢救。曾受水中抢救训练者在水中即可进行抢救。

（2）口对口人工呼吸因异物阻塞发生困难，而又无法用手指除去时，可用两手相叠，置于脐部稍上正中线上（远离剑突）迅速向上猛压数次，使异物退出，但也不要用力太大。

（3）溺水死亡的主要原因是窒息缺氧。由于淡水在人体内能很快经循环吸收，而气管能容纳的水量很少，因此在抢救溺水者时不能因“倒水”而延误抢救时间，更不能仅“倒水”而不用心肺复苏法进行抢救。

4.3.7 高温中暑急救

（1）烈日直射头部，环境温度过高，饮水过少或出汗过多等可以引起中暑现象，其症状一般为恶心、呕吐、胸闷、眩晕、嗜睡、虚脱，严重时抽搐、惊厥甚至昏迷。

（2）应立即将病员从高温或日晒环境转移到阴凉通风处休息。用冷水擦浴，湿毛巾覆盖身体，电扇吹风，或在头部放置冰袋等方法降温，并及时给病员口服盐水。严重者送医院治疗。

4.3.8 有害气体中毒急救

（1）气体中毒开始时有流泪、眼痛、呛咳、咽部干燥等症状，应引起警惕。稍重时头痛、气促、胸闷、眩晕。严重时会引起惊厥昏迷。

（2）怀疑可能存在有害气体时，应立即将人员撤离现场，转移到通风良好处休息。抢救人员进入险区应戴防毒面具。

（3）已昏迷病员应保持气道通畅，有条件时给予氧气吸入。呼吸心跳停止者，按心肺复苏法抢救，并联系医院救治。

（4）迅速查明有害气体的名称，供医院及早对症治疗。

本章小结

通过描述电力工作人员在实际生产中常会遇到的突发事件，例如触电、创伤、骨折、动物咬伤、溺水、高温中暑等，讲解面对各种不安全因素和紧急情况下应采取的救治措施和方法，有效增强作业人员的应急意识，提高电力工作者在紧急状态下的应变能力，掌握紧急状态下最有效的应急方法。

第5章 生产作业安全管控标准化

本章概要

《生产作业安全管控标准化工作规范》的制定，进一步推进了安全风险管理，加强了生产作业安全的全过程管控，构建了“预防为主”的安全管理体系，提升了现场安全风险管控能力。

5.1 作业计划

作业计划管理包括计划编制、计划发布、计划管控。

5.1.1 计划编制

5.1.1.1 编制原则

应贯彻状态检修、综合检修的基本要求，按照“六优先、九结合”的原则，科学编制作业计划。

（1）六优先：人身风险隐患优先处理；重要变电站（换流站）隐患优先处理；重要输电线路隐患优先处理；严重设备缺陷优先处理；重要用户设备缺陷优先处理；新设备及重大生产改造工程优先安排。

（2）九结合：生产检修与基建、技改、用户工程相结合；线路检修与变电检修相结合；二次系统检修与一次系统检修相结合；辅助设备检修与主设备检修相结合；两个及以上单位维护的线路检修相结合；同一停电范围内有关设备检修相结合；低电压等级设备检修与高电压等级设备检修相结合；输变电设备检修与发电设备检修相结合；用户检修与电网检修相结合。

5.1.1.2　月度作业计划编制

各级单位应根据设备状态、电网需求、反事故措施、基建技改及用户工程、保供电、气候特点、承载力、物资供应等因素制定月度作业计划。主要指 10kV 及以上设备停（带）电作业计划。

5.1.1.3　周作业计划编制

各级单位应根据月度作业计划，结合保供电、气候条件、日常运维需求、承载力分析结果等情况统筹编制周作业计划。周作业计划宜分级审核上报，实现省、地市、县公司级单位信息共享。

5.1.1.4　日作业安排

二级机构和班组应根据周作业计划，结合临时性工作，合理安排工作任务。

5.1.2　计划发布

（1）月度作业计划由专业管理部门统一发布。

（2）周作业计划应明确发布流程和方式，可利用周安全生产例会、信息系统平台等发布。

（3）信息发布应包括作业时间、电压等级、停电范围、作业内容、作业单位等内容。周作业计划信息发布中还应注明作业地段、专业类型、作业性质、工作票种类、工作负责人及联系方式、现场地址（道路、标志性建筑或村庄名称）、到岗到位人员、作业人数、作业车辆等内容。

5.1.3　计划管控

（1）所有计划性作业应全部纳入周作业计划管控，禁止无计划作业。

（2）作业计划实行刚性管理，禁止随意更改和增减作业计划，确属特殊情况需追加或者变更作业计划，应履行审批手续，并经分管领导批准后方可实施。

（3）作业计划按照“谁管理、谁负责”的原则实行分级管控。各级专业管理部门应加强计划编制与执行的监督检查，分析存在问题，并定期通报。

（4）各级安监部门应加强对计划管控工作的全过程安全监督，对无计划作业、随意变更作业计划等问题按照管理违章实施考核

案例分析：2002 年，国网某供电公司超计划工作触电事故就是由于工作班

现场临时增加工作，超出原计划工作范围，没有进行现场查勘、办理相关手续引发的。

5.2 作业准备

作业准备包括现场勘察、风险评估、承载力分析、“三措”编制、“两票”填写、班前会。

5.2.1 现场勘察

5.2.1.1 需要现场勘察的作业项目

（1）变电站（换流站）主要设备现场解体、返厂检修和改（扩）建项目施工作业。

（2）变电站（换流站）开关柜内一次设备检修和一、二次设备改（扩）建项目施工作业。

（3）变电站（换流站）保护及自动装置更换或改造作业。

（4）输电线路（电缆）停电检修（常规清扫等不涉及设备变更的工作除外）、改造项目施工作业。

（5）配电线路杆塔组立、导线架设、电缆敷设等检修、改造项目施工作业。

（6）新装（更换）配电箱式变电站、开关站、环网单元、电缆分支箱、变压器、柱上开关等设备作业。

（7）带电作业。

（8）涉及多专业、多单位、多班组的大型复杂作业和非本班组管辖范围内设备检修（施工）的作业。

（9）使用吊车、挖掘机等大型机械的作业。

（10）跨越铁路、高速公路、通航河流等施工作业。

（11）试验和推广新技术、新工艺、新设备、新材料的作业项目。

（12）工作票签发人或工作负责人认为有必要现场勘察的其他作业项目。

5.2.1.2 现场勘察组织

（1）现场勘察应在编制“三措”及填写工作票前完成。

（2）现场勘察由工作票签发人或工作负责人组织。

（3）现场勘察一般由工作负责人、设备运维管理单位和作业单位相关人员参加。

（4）对涉及多专业、多单位的大型复杂作业项目，应由项目主管部门、单位组织相关人员共同参与。

（5）承发包工程作业应由项目主管部门、单位组织，设备运维管理单位和作业单位共同参与。

（6）开工前，工作负责人或工作票签发人应重新核对现场勘察情况，发现与原勘察情况有变化时，应及时修正、完善相应的安全措施

5.2.1.3　现场勘察主要内容

（1）需要停电的范围：作业中直接触及的电气设备，作业中机具、人员及材料可能触及或接近导致安全距离不能满足《国家电网有限公司电力建设安全工作规程》（Q/GDW 11957—2020）规定距离的电气设备。

（2）保留的带电部位：邻近、交叉、跨越等不需停电的线路及设备，双电源、自备电源、分布式电源等可能反送电的设备。

（3）作业现场的条件：装设接地线的位置，人员进出通道，设备、机械搬运通道及摆放地点，地下管沟、隧道、工井等有限空间，地下管线设施走向等。

（4）作业现场的环境：施工线路跨越铁路、电力线路、公路、河流等环境，作业对周边构筑物、易燃易爆设施、通信设施、交通设施产生的影响，作业可能对城区、人口密集区、交通道口、通行道路上人员产生的人身伤害风险等。

（5）需要落实的“反措”及设备遗留缺陷。

5.2.1.4　现场勘察记录

（1）现场勘察应填写现场勘察记录。

（2）现场勘察记录宜采用文字、图示或影像相结合的方式。记录内容包括工作地点需停电的范围，保留的带电部位，作业现场的条件、环境及其他危险点，应采取的安全措施，附图与说明。

（3）现场勘察记录应作为工作票签发人、工作负责人及相关各方编制“三

措”和填写、签发工作票的依据。

（4）现场勘察记录由工作负责人收执。勘察记录应同工作票一起保存一年。

5.2.2 风险评估

（1）现场勘察结束后，编制“三措”、填写“两票”前，应针对作业开展风险评估工作。

（2）风险评估一般由工作票签发人或工作负责人组织。

（3）设备改进、革新、试验、科研项目作业，应由作业单位组织开展风险评估。

（4）涉及多专业、多单位共同参与的大型复杂作业，应由作业项目主管部门、单位组织开展风险评估。

（5）风险评估应针对触电伤害、高空坠落、物体打击、机械伤害、特殊环境作业、误操作等方面存在的危险因素，全面开展评估。风险评估危险因素见表 5-1。

（6）风险评估出的危险点及预控措施应在“两票”“三措”等中予以明确。

表 5-1　　风险评估危险因素

风险	序号	评估类别	危险因素
触电伤害	1	误入、误登带电设备	设备检修时，工作人员与带电部位的安全距离小于规定值，造成人员触电
			悬挂标示牌和装设遮（围）栏不规范，造成人员触电。如标示牌缺少、数量不足或朝向不正确，装设遮（围）栏满足不了现场安全的实际要求等
			高压设备的隔离措施不规范，造成误入带电设备触电。如遮栏不稳固，高度不足，未加锁等
			对难以做到与电源完全断开的检修设备未采取有效措施，造成人员触电。如检修母线侧隔离开关时未将隔离开关母线侧引线带电拆除等
			高压开关柜易误碰有电设备的孔洞，隔离措施不规范，造成人员触电。如手车开关的隔离挡板缺失、损坏、封闭不严，封闭式组合电器引出电缆备用孔或母线的终端备用孔未采取隔离措施等
			工作票上安全措施不正确完备，造成人员触电。如应拉断路器、隔离开关等未拉开，有来电可能的地点漏挂接地线等

续表

风险	序号	评估类别	危险因素
触电伤害	1	误入、误登带电设备	检修设备停电，未能把各方面的电源完全断开，造成人员触电。如星形接线设备的中性点隔离开关未拉开，检修设备没有明显断开点，有反送电可能的设备与检修设备之间未断开等
			高压设备名称、编号标志设置不规范、不齐全造成误入、误登带电设备触电。如设备标牌脱落、字迹不清、更换名称标牌不及时等
			现场安全交底内容不清楚，造成人员触电。如工作负责人布置工作任务时未向工作班成员交代杆塔双重名称及编号，工作班成员登杆前未核对双重称号和标志导致误登带电杆塔触电
			忽视对外协工作人员、临时工的安全交底，造成人员触电。如使用少量的外协工作人员、临时工时，未进行安全交底
			检修人员擅自工作或不在规定的工作范围内工作，误入、误登带电间隔，造成人员触电。如无票工作、未经许可工作、擅自扩大工作范围、在安全遮（围）栏外工作等
			杆塔上传递材料时的安全距离不符合要求，造成人员触电。如同杆架设多回路单回停电、平行、邻近、交叉带电杆塔上工作传递工器具材料
			平行、邻近、同杆架设线路附近停电作业，接触导线、架空地线时感应电，造成人员触电。如未使用个人保安线
			穿越未经接地同杆架设低电压等级线路，造成人员触电
			电力检修（施工）作业，未能准确判断电缆运行状态、盲目作业，造成人员触电
			电缆接入（拆除）架空线路或开关柜间隔，误登带电杆塔或误入带电间隔，造成人员触电
	2	误碰带电设备	现场使用吊车、斗臂车时，对吊车、斗臂车司机现场危险点告知及检查不规范，造成人员触电。如未告知现场工作范围及带电部位，致使吊臂对带电导体放电等
			室内、室外母线分段部分、母线交叉部分及部分停电检修时忽视带电部位，造成人员触电。如作业地点带电部位不清，误碰带电设备等
			现场临时电源管理不规范，造成人员触电。如乱拉电源线，电源线敷设不规范，使用的工具、金属型材、线材误将临时电源线轧破磨伤等
			仪器的摆放位置不合理，造成人员触电。如仪器摆错位置或摆放离带电设备太近等
			容性设备进行试验工作放电不规范，造成人员触电。如电力电容器、电力电缆未充分放电等
			加压过程中失去监护，造成人员触电。如监护人干其他工作或随意离去，注意力不集中等

续表

风险	序号	评估类别	危险因素
触电伤害	2	误碰带电设备	仪器金属外壳无保护，造成人员触电。如外壳未接地或接地不牢等
			试验现场安全措施不规范，他人误入，造成人员触电。如遮栏或围栏进出口未封闭，标示牌朝向不正确，无人看守等
			高压试验人员操作时未规范使用绝缘垫，造成人员触电。如绝缘垫耐压不合格，绝缘垫太小，试验人员操作时一只脚站在绝缘垫上，另一只脚站在地面上等
			绝缘工器具不合格或使用不规范，造成人员触电。如受潮、破损、超周期使用，绝缘杆未完全拉开等
			低压回路工作中无人监护误碰其他带电设备。如工作人员身体裸露部分误碰带电设备等
			在变电站内人工搬运较长物件不规范。如梯子、金属管材、型材未放倒搬运等
			检修设备的交、直流电源未断开，造成人员触电。如未断开检修设备的控制电源或合闸电源等
			拖拽电缆时未做防护措施，导致与带电设备距离不够，造成人员触电
	3	电动工器具类触电	电动工器具的使用不规范，造成人员触电。如手握导线部分或与带电设备安全距离不够等
			电动工器具绝缘不合格，造成人员触电。如外绝缘破损、超周期使用等
			电动工器具金属外壳无保护，造成人员触电。如外壳未接地或用缠绕方式接地
	4	倒闸操作触电	不具备操作条件进行倒闸操作，造成人员触电。如设备未接地或接地不可靠，防误装置功能不全、雷电时进行室外倒闸操作、安全工器具不合格等
			倒闸操作过程中接触周围带电部位，造成人员触电。如操作时误碰带电设备、操作未保证足够的安全距离等
			操作过程中发生设备异常，擅自进行处理，误碰带电设备触电
			操作人未按照顺序逐项操作，漏项、跳项操作导致触电
			操作时未认真执行“三核对”，走错位置，误入带电间隔，误拉隔离开关，导致触电或电弧灼伤
			操作隔离开关过程中瓷柱折断，引线下倾，造成人身触电。如站立位置不当、操作用力过猛绝缘子开裂或安装不牢固等
			操作肘型电缆分支箱、箱式变压器时触碰相邻的带电设备，造成人员触电
			对环网柜、电缆分支箱、箱式变压器操作时，不执行停电、验电制度，直接接触设备导电部分，造成人员触电

续表

风险	序号	评估类别	危险因素
触电伤害	4	倒闸操作触电	验电器、绝缘操作杆受潮，造成人员触电。如雨天操作没有防雨罩，存放或使用不当等
			装地线前不验电、放电，装、拆接地线时，方法不正确或安全距离不够，造成人员触电。如装、拆接地线碰到有电设备，操作人与带电部位小于安全距离，攀爬设备构架等
			装拆临时接地线操作不当，造成人员触电。如装设接地线时接地线触及操作人员身体、装设接地地线时误碰带电设备、装设接地操作顺序颠倒
	5	运行维护工作触电	当值运维人员更换高压熔断器、贴试温蜡片、测温、卫生清扫等工作失去监护，人员误入、误登、误碰带电设备，造成人员触电
			当值运维人员进行更换低压熔断器、二次设备清扫、更换灯泡等工作，工器具选择不当，未与带电设备保持安全距离，造成人员触电。如清扫设备时安全距离小于规定值、没有使用安全工器具、工具的金属部分未用绝缘物包扎等
			高压设备发生接地时，巡视人员与接地之间小于安全距离没有采取防范措施，造成人员触电
			雷雨天巡视设备时，靠近避雷针、避雷器，遇雷反击，造成人员触电
			夜间巡视设备时，巡视人员因光线不足，误入带电区域，造成人员触电
			汛期巡视设备时，安全用品、设备失效，造成人员触电
	6	交流低压触电	电流互感器二次回路开路，造成人员触电。如试验短接线脱落、TA二次绕组切换步骤不正确等
			电压互感器二次回路上取放熔丝、测量电压、拆接线工作不规范，造成人员触电。如未使用绝缘工具，未戴手套等
			工作中试验方法不当，造成人员触电。如接错线、试验表计未调至零位或未断开电源等
			工作人员改接试验线时，未采取措施，造成人员触电
			工作人员在二次回路加压，操作错误，造成人员触电。如误合电压回路的空开，应断开的电压端子未断开等
			带电收放临时电源线（保护用接地线），造成人员触电。如未断开临时电源，线碰带电部位等
			绝缘电阻表输出误碰他人和自己，造成人员触电。如试验线有裸露部分、有其他人员在遥测绝缘的回路上工作、遥测绝缘时作业人员触及输出端子等
			工作中误触相邻运行设备带电部位。如同屏布置的二次设备检修时，相邻的运行设备未做安全隔离措施等

续表

风险	序号	评估类别	危险因素
触电伤害	7	直流低压触电	直流回路上工作未采取防护措施，造成人员触电。如未使用绝缘工具，未戴手套等
			直流回路上工作，应断开电源的未断开，造成人员触电。如操作电源、信号电源、测控电源未断开等
	8	其他类触电	变电站内一次高压设备拆、接引线不规范，造成人员触电。如引线未接地、未戴绝缘手套、引线甩动、反弹幅度过大等
			在变电站内一次高压设备上工作，因感应电造成人员触电。如未装设临时接地保护线或无其他保护措施等
			动火工作过程不规范，造成人员触电。如动火用具与带电设备安全距离不够，在较潮湿的环境条件下进行电焊作业
			雷雨天气在变电站内工作未采取安全措施
			门卫制度不严格，造成他人进入变电站触电。如外来工作人员随意进入变电站，导致与带电部位距离不满足安全要求或误入带电间隔
			进行设备验收工作时，人与带电部位距离小于安全距离，造成人身触电
			绝缘斗臂车工作位置选择不当，绝缘部位与带电距离不够，导致相间短路
			带电作业人员不熟悉带电操作程序，导致触电
高空坠落	1	登塔、登杆作业	高处作业时防止高处坠落的安全控制措施不充分、高处作业时失去监护或监护不到位，造成人员高处坠落
			个人安全防护用品使用不当，造成人员高处坠落。如使用不合格的安全帽或安全帽佩戴不正确、高处作业使用不合格的安全带或使用方法不正确，在登杆、登塔中不能起到防护作用等
	2	绝缘子、导线上工作	更换绝缘子时，绝缘子锁紧销脱落等，造成人员高处坠落
			链条葫芦使用不规范，导致绝缘子掉串，造成人员高处坠落。如超载、制动装置失灵等
			更换绝缘子时，滑轮组使用不规范，造成人员高处坠落。如滑轮组绳强度不足、过载等
	3	构架上工作	构架上有影响攀登的附挂物，造成人员高处坠落。如照明灯、标示牌、支撑架、拉线等
			攀登时，爬梯金属件或支撑物不符合要求，造成人员高处坠落。如金属件缺失、松动、脱焊、锈蚀严重、支撑物埋设松动
			构架上移位方法不正确，失去防护，造成人员高处坠落。如未正确使用双保险安全带，手未扶构件或手扶的构件不牢固，踩点不正确或踏空等
			焊、割工作中防护措施不当，造成人员高处坠落。如安全带系挂在焊、割构件上或焊、割点附近及下风侧，工作人员在下风侧等

续表

风险	序号	评估类别	危险因素
高空坠落	4	使用软梯在软母线上工作	梯头及软梯本身不符合要求，造成人员高处坠落。如封口损坏、连接松动、脱焊、裂纹，软梯腐蚀、松股、断股、挂钩保险损坏等
			软梯架设不稳固或攀登方法不正确，造成人员高处坠落。如软梯与梯头连接不牢固，梯头与母线挂接不可靠，软梯不稳；跳跃攀登、双手未抓牢主绳、脚未踩稳等
			梯头挂接不可靠或防护措施不当，造成人员高处坠落。如梯头封口未可靠封闭，且安全带未系在母线上等
	5	使用梯子攀登或在梯子上工作	梯子本身不符合要求，造成人员高处坠落。如构件连接松动、严重腐（锈）蚀、变形；防滑装置（金属尖角、橡胶套）损坏或缺失、无限高标志或不清晰、绝缘梯绝缘材料老化、劈裂；升降梯控制爪损坏、人字梯铰链损坏、限制开度拉链损坏或缺失等
			梯子放置不符合要求，造成人员高处坠落。如角度不符合要求、不稳固；梯子架设在滑动的物体上、人字梯限制开度拉链未完全张开；升降梯控制爪未卡牢，靠在软母线上的梯子上端未固定等
			上、下梯子防护措施不当造成坠落。如无人扶梯、未穿工作鞋、脚未踩稳、手未抓牢、面部朝向不正确等
			在梯上工作时，梯子使用不当或在可能被误碰的场所使用梯子未采取措施，造成坠落。如站位超高、总质量超载、梯子上有人时移动梯子、在通道、门（窗）前使用梯子时被误碰等
			水平梯使用方法不正确、失去防护，造成人员高处坠落。如梯子固定不可靠或超载使用，导致水平梯脱落或断裂，且未使用双保险安全带等
	6	脚手架上工作	脚手架本身不符合要求，造成人员高处坠落。如组件腐蚀、拆裂、严重机械损伤；组件裂纹、严重锈蚀、变形、弯曲；木（竹）制脚手板厚度不合要求；安全网网绳、边绳、筋绳断股、散股及严重磨损，连接不牢；脚手架的承重不符合要求
			脚手架上工作面湿滑及防护措施不当，造成人员高处坠落。如工作面有油污、冰雪、鞋底有油污、无上下固定梯子、在高度超过 1.5m 没有栏杆的脚手架上工作未使用安全带等
	7	斗臂车（含曲臂式升降平台）上工作	斗臂车本身不符合要求，造成工作斗下落，造成人员高处坠落。如结构变形、裂缝或锈蚀；零部件磨损或变形；气（电）动、液压保险、制动装置失灵；螺栓和其他紧固件松动；焊接部位开裂纹、脱焊；铰接点的销轴装置脱落等
			斗臂车不稳固造成倾覆，造成人员高处坠落。如地面松软、支撑不稳定
			工作方法不正确，造成人员高处坠落。如发动机熄火；下部人员误操作，且绝缘斗中工作人员未系安全带，导致绝缘斗中人员被其他物件碰挂等

续表

风险	序号	评估类别	危险因素
高空坠落	8	电缆竖井作业	电缆竖井内设施不符合要求，工作方法不正确，造成人员高处坠落。如爬梯或电缆支架缺失、松动、脱焊、锈蚀严重；上下爬梯脚未踩稳、登高工作中未使用安全带等
	9	变压器顶盖上工作	变压器顶盖工作面湿滑，造成人员高处坠落。如变压器顶盖有油污、鞋底有油污等
物体打击	1	高处作业现场	高空落物伤人。如不正确佩戴安全帽、围栏设置和传递工具材料方法不正确等
	2	工作平台及脚手架	垮塌或落物伤人。如工作平台、脚手架四周没有设置围网，杆脚搭设在不稳固的鹅卵石上等
	3	电气操作	操作隔离开关过程中，瓷柱折断伤人，操作把手断裂伤人。如瓷柱有裂纹损伤，操作用力过猛等，操作把手有裂纹损伤等
			操作时，安全工器具掉落伤人。如绝缘罩、绝缘板或地线杆等掉落
	4	安装、检修隔离开关、断路器等变电设备	设备支柱绝缘子断裂或倾倒砸伤人。如设备本身质量有问题，焊接部位不牢；工作人员违章工作将安全带打在套管绝缘子或支柱绝缘子上等
	5	搬运设备及物品	重物失去控制伤人。如搬运各种保护屏、柜、试验仪器、设备等
	6	更换绝缘子	绝缘子掉串伤人。如绝缘子没有连接好突然掉落、控制绝缘子的绳子突然松掉等
	7	压力容器	喷出物或容器损坏伤人
	8	装运水泥杆、变压器、线盘	水泥杆、变压器、线盘砸伤人。如抬水泥杆时，水泥杆突然掉落；堆放水泥杆时，水泥杆突然滚动等
	9	线路拆线	倒塔和断线时伤人。如倒杆（塔）、断杆砸伤人，断线时跑线抽伤人
	10	立、撤杆塔	杆塔失控伤人。如揽风绳、叉杆失控引起倒杆塔等
	11	水泥杆底、拉盘施工、铁塔水泥基础施工	起吊或放置重物措施不当伤人。如安放杆塔或拉线底盘时杆坑内有人工作等
	12	放、紧线及撤线	导线失控伤人。如导线抽出伤人，手被导线挤伤、压伤等
	13	砍剪树竹	树竹失控伤人。如被倒下的树木或朽树枝砸伤等
	14	敷设电缆	人员绊伤、摔伤、传动挤伤
	15	挖掘电缆沟	安全措施不当，导致伤人
	16	电缆头制作	操作不规范、措施不当，导致物体打击。如坑、洞内作业未设置安全围栏等

续表

风险	序号	评估类别	危险因素
机械伤害	1	操作钻床、台钻等机械设备	设备防护设施不全，造成人员伤害。如缺少防护罩、防护屏、使用钻床戴手套等
	2	开关设备的储能机构、装置	机械故障导致的能量非正常释放，造成人员伤害。如弹簧、测量杆伤人等
		检修	
	3	砍剪树竹	使用的工器具质量不合格、操作不当或失控，造成人员伤害。如油锯金属碎片飞出、锯掉的木屑、卡涩引起的转动异常、碰金属物、用力过猛误伤等
	4	敷设电缆	展放电缆挤压伤人，或使用电缆刀剥导线时伤人，造成人员伤害
	5	起重机械	吊车起重作业措施不当失控伤人，造成人员伤害。如翻车、千斤断裂或系挂点脱落、起吊回转范围内有人等
特殊环境作业	1	夜晚、恶劣天气作业	夜晚高处作业，工作场所照明不足，导致事故
			恶劣气候条件下，在杆塔上作业或开展带电作业未采取有效的保障措施，导致事故。如雨、雾、冰雪、大风、雷电、高温、高寒等天气
	2	有限空间作业	未对从业人员进行安全培训，或培训教育考试不合格，导致人身伤害
			未严格实行作业审批制度，擅自进入有限空间作业，导致人身伤害
			未做到“先通风、再检测、后作业”，或者通风、检测不合格，照明设施不完善，导致人身伤害
			未配备防中毒窒息防护设备、安全警示标示，无防护监护措施，导致人身伤害
			未制定应急处置措施，作业现场应急装置未配备或不完整，作业人员盲目施救，导致人身伤害和衍生事故
误操作	1	电气设备防误装置	设备固有防误装置： （1）防误闭锁装置功能不正常、强行解锁，造成误操作。如程序出错、逻辑关系错误、锁具或钥匙失灵等。 （2）防误闭锁装置不完善，造成误操作。如闭锁有漏点、没加挂机械锁等。 （3）无法验电的设备、联络线设备的电气闭锁装置不可靠，造成误操作。如高压带电显示装置提示错误、高压带电显示闭锁装置闭锁失灵等
			防误装置逻辑和软件系统： （1）防误装置有逻辑死区，造成误操作。如逻辑关系漏编等。 （2）计算机监控系统中没有防误闭锁功能或功能不完善，造成误操作。如操作程序漏编、错编等。 （3）远方遥控操作，未实现对受控站的远方防误操作闭锁，造成误操作。如未配置闭锁、闭锁未连接、逻辑关系设置错误或有遗漏等。 （4）防误装置主机发生故障时无法恢复数据或与实际不符，造成误操作。如数据无备份、信息变更时数据备份不及时等

续表

风险	序号	评估类别	危险因素
误操作	2	运维专业误操作	人员行为导致误操作： （1）操作人员、检修维护人员未做到“三懂二会”（懂防误装置的原理、性能、结构；会操作、维护），造成误操作。 （2）操作及事故处理时注意力不集中、精力分散或过度紧张，造成误操作。 （3）无调度指令或调度指令错误，造成误操作。如无调度指令操作，操作任务不清、漏项、错项等。 （4）无操作票或操作票错误，造成误操作。如无操作票、操作票漏项、错项等。 （5）倒闸操作没有按照顺序逐项操作，未进行“三核对”或现场设备没有明显标志，造成误操作。如漏项或跳项操作，操作前未核对设备名称、编号和位置，操作设备无命名、编号、转动方向及切换位置的指示标志或标志不明显等。 （6）操作任务不明确，调度术语不标准、联系过程不规范，造成误操作。如操作目的不清、调度术语不确切、未互报单位和姓名、未复诵等。 （7）设备检修、验收或试验过程中，误分合隔离开关或接地隔离开关，造成误操作。如未按规定加锁、擅自操作、验收操作时未核对设备等。 （8）操作时走错间隔，造成误分、合断路器，误带电挂接地线，造成误操作。 （9）验电器选择或使用不当，造成误操作。如验电器电压等级与实际不符、验电器损坏、验电位置错误等。 （10）装设接地线未按程序进行，带电挂接地线，造成误操作。如未验电、验电后未立即装设接地线等。 （11）交直流电压小开关误投、误退，造成误操作。 （12）电流互感器二次端子接线与一次设备方式不对应，造成误操作。如二次端子操作顺序错误等。 （13）切换保护连接片未考虑保护和自动装置联跳回路影响，造成误操作。如母差保护回路、失灵联跳回路、负荷联切回路、备自投装置、跳闸连接片切换等误（漏）投、退等。 （14）两个系统并列操作时，未同期合闸，造成误操作。如同期装置故障、非同期并列等。 （15）智能变电站软连接片在后台监控机进行操作时，运行人员误投、退软连接片造成误操作。如误进入临近回路间隔。 （16）智能变电站软连接片操作顺序错误造成保护误动。如母差保护连接片恢复时，误操作检修状态硬连接片、保护出口软连接片等。 （17）智能变电站操作时误操作开关分、合闸把手，易造成控制回路断线。如操作智能终端分合闸把手时，误操作断路器机构操作把手
			运维管理不当导致误操作： （1）一次系统模拟图（或计算机系统模拟图）与现场设备或运行方式不一致，造成误操作。如运行方式改变时，设备和编号变更时未及时变更模拟图等。 （2）解锁钥匙管理不规范，造成误操作。如擅自使用、超范围使用、未及时封存、私藏解锁钥匙等

续表

风险	序号	评估类别	危险因素
误操作	3	继电保护专业误操作	误整定： （1）整定计算原始参数错误，造成误整定。如未按规定实测、测量误差大等。 （2）整定计算结果错误，造成误整定。如计算人员对电网运行方式、二次设备不了解，说明书版本与现场二次设备实际功能不符，无人复算、核实，造成误整定。 （3）定值切换未按要求进行或定值输入错误，造成误整定。如定值切换顺序错误、定值输入错误等。 （4）试验时变动保护定值未恢复，造成误整定
			误接线： （1）图纸不正确、不规范，造成误接线。如无图纸、不齐全或图纸改动后未履行审批手续、图纸与现场设备接线不符，回路编号、元件标志标识不正确、不规范、意义不明确等。 （2）不按设计图纸施工，造成误接线。如施工现场无图纸或未按图接线等。 （3）保护及自动装置检验时断开接线端子，恢复接线时接错，造成误接线
			误碰： （1）二次设备上工作时，使用不合格的工器具，造成误碰运行设备。如清扫工作未使用绝缘工具，螺丝刀的金属竿部分未采用缠绕绝缘胶带等。 （2）现场运维人员所做安全措施不满足安全工作要求，造成误碰运行设备。如试验设备上联跳回路连接片、失灵启动连接片、远方启动连接片未退出，被试 TA 接入母差保护、主变压器保护、3/2 接线线路保护等运行中设备的电流试验端子未断开后短接，被试保护屏的相邻设备无明显区分标志等。 （3）外来工作人员作业因未对其进行安全措施交底、失去监护等，造成误碰运行设备。 （4）保护人员实施安全措施的方法不合理，造成误碰运行设备。如未做隔离措施、无人监护等。 （5）工作中重要环节操作失去监护、操作不规范，造成误碰运行设备。如操作保护连接片、切换开关、定值区、交、直流空气开关、电流试验端子、插把保护插件、触及交、直流回路无专人监护，试验接线后没有专人检查等。 （6）二次设备上工作，着装不规范，造成误碰运行设备。如工作服上有金属构件等

5.2.3　承载力分析

（1）地市公司级单位、县公司级单位应利用月度计划平衡会、周安全生产例会统筹开展所属单位、二级机构承载力分析工作。二级机构应利用周安全生产例会、班组应利用周安全日活动，开展作业承载力分析工作，保证作业安排在承载力范围内。

（2）各单位、二级机构承载力分析内容：

1）可同时派出的班组数量。

2）派出班组的作业能力是否满足作业要求。

3）多专业、多班组、多现场间工作协调是否满足作业需求。

（3）作业班组承载力分析内容：

1）可同时派出的工作组和工作负责人数量。每个作业班组同时开工的作业现场数量，不得超过工作负责人数量。

2）作业任务难易水平、工作量大小。

3）安全防护用品、安全工器具、 施工机具、 车辆等是否满足作业需求。

4）作业环境因素（地形地貌、天气等）对工作进度、人员配备及工作状态造成的影响等。

（4）作业人员承载力分析内容：

1）作业人员身体状况、精神状态以及有无妨碍工作的特殊病症。

2）作业人员技能水平、安全能力。技能水平可根据其岗位角色、是否担任工作负责人、本专业工作年限等综合评定。安全能力应结合《国家电网有限公司电力建设安全工作规程》（Q/GDW 11957—2020）考试成绩、人员违章情况等综合评定。

（5）各级单位应积极推进承载力量化分析工作，提升作业计划和工作安排的科学化、规范化管理水平。

5.2.4 “三措”编制

（1）需编制“三措”的项目：

1）变电站（换流站）改（扩）建项目。

2）变电站（换流站）保护及自动装置更换或改造作业。

3）35kV 及以上输电线路（电缆）改（扩）建项目。

4）首次开展的带电作业项目。

5）涉及多专业、多单位、多班组的大型复杂作业。

6）跨越铁路、高速公路、通航河流等施工作业。

7）试验和推广新技术、新工艺、新设备、新材料的作业项目。

8）作业单位或项目主管部门认为有必要编写“三措”的其他作业。

（2）作业单位应根据现场勘察结果和风险评估内容编制“三措”。对涉及多专业、多单位的大型复杂作业项目，应由项目主管部门、单位组织相关人员编制“三措”。

（3）“三措”内容包括任务类别、概况、时间、进度、需停电的范围、保留的带电部位及组织措施、技术措施和安全措施。

（4）“三措”应分级管理，经作业单位、监理单位（如有）、设备运维管理单位、相关专业管理部门、分管领导逐级审批，严禁执行未经审批的“三措”。

5.2.5　“两票”填写

（1）在电气设备上及相关场所的工作，应填用工作票、倒闸操作票。各级单位应规范“两票”填写与执行标准，明确使用范围、内容、流程、术语。

（2）作业单位应根据现场勘察、风险评估结果，由工作负责人或工作票签发人填写工作票。

（3）工作票“双签发”相关要求如下。

1）承发包工程中，作业单位在运用中的电气设备上或已运行的变电站内工作，工作票宜由作业单位和设备运维管理单位共同签发，在工作票上分别签名，各自承担相应的安全责任。

2）发包方工作票签发人主要对工作票上所填工作任务的必要性、安全性和安全措施是否正确完备负责；承包方工作票签发人主要对所派工作负责人和工作班人员是否适当、充足以及安全措施是否正确完备负责。

（4）承发包工程宜由作业单位人员担任工作负责人，若设备运维管理单位认为有必要，可派人担任工作负责人或增派专人监护。

（5）生产厂家、外协服务等人员参加现场作业，应由设备运维管理单位人员担任工作负责人，执行相应工作票。

（6）作业班组每月应对所执行的“两票”进行整理汇总，按编号统计、分析。二级机构每季度至少对已执行的“两票”进行检查并填写检查意见。地市公司级单位、县公司级单位每半年至少抽查调阅一次“两票”。省公司级单位每年至少抽查调阅一次“两票”。

（7）各级单位应分析“两票”存在问题，及时反馈，制定整改措施，建立定期通报制度。

5.2.6　班前会

（1）班前会由班组长组织全体班组人员召开。

（2）班前会应结合当班运行方式、工作任务，开展安全风险评估，布置风险预控措施，组织交代工作任务、作业风险和安全措施，检查个人安全工器具、个人劳动防护用品和人员精神状况。

5.3　作业实施

作业实施包括倒闸操作、安全措施布置、许可开工、安全交底（站班会、开工会）、现场作业、作业监护、到岗到位、验收及工作终结、班后会。

5.3.1　倒闸操作

（1）操作人和监护人应经考试合格，由设备运维管理单位审核、批准并公布。

（2）运维人员应根据工作任务、设备状况及电网运行方式，分析倒闸操作过程中的危险点并制定防控措施。

（3）严格执行倒闸操作制度，严格执行防误操作安全管理规定，不准擅自更改操作票，不准随意解除闭锁装置。

5.3.2　安全措施布置

（1）变电专业安全措施应由工作许可人负责布置，采取电话许可方式的变电站第 2 种工作票安全措施可由工作人员自行布置，工作结束后应汇报工作许可人。输、配电专业工作许可人所做安全措施由其负责布置，工作班所做安全措施由工作负责人负责布置。安全措施布置完成前，禁止作业。

（2）工作许可人应审查工作票所列安全措施正确完备性，检查工作现场布置的安全措施是否完善（必要时予以补充）和检修设备有无突然来电的危险。对工作票所列内容即使发生很小疑问，也应向工作票签发人询问清楚，必要时应要求作详细补充。

（3）10kV 及以上双电源用户或备有大型发电机用户配合布置和解除安全措施时，作业人员应现场检查确认。

（4）现场为防止感应电或完善安全措施需加装接地线时，应明确装、拆人员，每次装、拆后应立即向工作负责人或小组负责人汇报，并在工作票中注明接地线的编号，装、拆的时间和位置。

5.3.3　许可开工

（1）许可开工前，作业班组应提前做好作业所需工器具、材料等准备工作。

（2）现场履行工作许可前，工作许可人会同工作负责人检查现场安全措施布置情况，指明实际的隔离措施、带电设备的位置和注意事项，证明检修设备确无电压，并在工作票上分别确认签字。电话许可时由工作许可人和工作负责人分别记录双方姓名，并复诵核对无误。

（3）所有许可手续（工作许可人姓名、许可方式、许可时间等）均应记录在工作票上。若需其他单位配合停电的作业应履行书面许可手续。

5.3.4　安全交底

（1）工作许可手续完成后，工作负责人组织全体作业人员整理着装，统一进入作业现场，进行安全交底，列队宣读工作票，交代工作内容、人员分工、带电部位、安全措施和技术措施，进行危险点及安全防范措施告知，抽取作业人员提问无误后，全体作业人员确认签字。

（2）执行总、分工作票或小组工作任务单的作业，由总工作票负责人（工作负责人）和分工作票（小组）负责人分别进行安全交底。

（3）现场安全交底宜采用录音或影像方式，作业后由作业班组留存一年。

5.3.5　现场作业

（1）现场作业人员安全要求：

1）作业人员应正确佩戴安全帽，统一穿全棉长袖工作服、绝缘鞋。

2）特种作业人员及特种设备操作人员应持证上岗。开工前，工作负责人对特种作业人员及特种设备操作人员交代安全注意事项，指定专人监护。特种作业人员及特种设备操作人员不得单独作业。

3）外来工作人员须经过安全知识和《国家电网有限公司电力建设安全工作规程》（Q/GDW 11957—2020）培训考试合格，佩戴有效证件，配置必要的劳动防护用品和安全工器具后，方可进场作业。

（2）安全工器具和施工机具安全要求：

1）作业人员应正确使用施工机具、安全工器具，严禁使用损坏、变形、有故障或未经检验合格的施工机具、安全工器具。

2）特种车辆及特种设备应经具有专业资质的检测检验机构检测、检验合格，取得安全使用证或者安全标志后，方可投入使用。

（3）工作负责人需携带工作票、现场勘察记录、“三措”等资料到作业现场。

（4）涉及多专业、多单位的大型复杂作业，应明确专人负责工作总体协调。

5.3.6 作业监护

（1）工作票签发人或工作负责人对有触电危险、施工复杂容易发生事故等作业，应增设专责监护人，确定被监护的人员和监护范围，专责监护人应佩戴明显标识，始终在工作现场，及时纠正不安全的行为。

（2）专责监护人不得兼做其他工作。专责监护人临时离开时，应通知被监护人员停止工作或离开工作现场，待专责监护人回来后方可恢复工作。若专责监护人必须长时间离开工作现场时，应由工作负责人变更专责监护人，履行变更手续，并告知全体被监护人员。

5.3.7 到岗到位

（1）各级单位应建立健全作业现场到岗到位制度，按照“管业务必须管安全”的原则，明确到岗到位人员责任和工作要求。

（2）各级单位应严格按照到岗到位标准（见附录 D）落实到岗到位要求。

（3）到岗到位工作重点：

1）检查“两票”“三措”执行及现场安全措施落实情况。

2）安全工器具、个人防护用品使用情况。

3）大型机械安全措施落实情况。

4）作业人员不安全行为。

5）文明生产。

（4）到岗到位人员对发现的问题应立即责令整改，并向工作负责人反馈检查结果。

5.3.8　验收及工作终结

（1）验收工作由设备运维管理单位或有关主管部门组织，作业单位及有关单位参与验收工作。

（2）验收人员应掌握验收现场存在的危险点及预控措施，禁止擅自解锁和操作设备。

（3）已完工的设备均视为带电设备，任何人禁止在安全措施拆除后处理验收发现的缺陷和隐患。

（4）工作结束后，工作班应清扫、整理现场，工作负责人应先周密地检查，待全体作业人员撤离工作地点后，方可履行工作终结手续。

（5）执行总、分票或多个小组工作时，总工作票负责人（工作负责人）应得到所有分工作票（小组）负责人工作结束的汇报后，方可与工作许可人履行工作终结手续。

5.3.9　班后会

（1）班后会一般在工作结束后由班组长组织全体班组人员召开。

（2）班后会应对作业现场安全管控措施落实及“两票三制”执行情况总结评价，分析不足，表扬遵章守纪行为，批评忽视安全、违章作业等不良现象。

案例分析：山东某供电公司“4·12”人身事故间接原因就是工作负责人监护责任不落实，工作负责人与其他作业人员研究进一步解决机构卡涩问题的方案时，注意力分散，造成作业人员失去监护，加之作业人员违反安规，擅自作业，从而发生人身死亡事故。

5.4　监督考核

各级单位应加强作业现场安全监督检查，制定检查标准，明确检查内容，规范检查流程。各级安监部门应会同各专业管理部门，加强作业现场的安全监督检查工作。各级领导应带头深入作业现场，检查指导作业现场安全管控工作。

5.4.1 作业现场安全监督检查重点

（1）作业现场“两票”“三措”、现场勘察记录等资料是否齐全、正确、完备。

（2）现场作业内容是否和作业计划一致，工作票所列安全措施是否满足作业要求并与现场一致。

（3）现场作业人员与工作票所列人员是否相符，人员精神状态是否良好。

（4）工作许可人对工作负责人，工作负责人对工作班成员是否进行安全交底。

（5）现场使用的机具、安全工器具和劳动防护用品是否良好，是否按周期试验并正确使用。

（6）高处作业、邻近带电作业、起重作业等高风险作业是否指派专责监护人进行监护，专责监护人在工作前是否知晓危险点和安全注意事项等。

（7）现场是否存在可能导致触电、物体打击、高处坠落、设备倾覆、电杆倒杆等风险和违章行为。

（8）各级到岗到位人员是否按照要求履行职责。

（9）其他不安全情况。

5.4.2 相关要求

（1）各级单位应开展作业现场违章稽查工作，一旦发现违章现象应立即加以制止、纠正，做好违章记录，对违章单位和个人给予批评和考核。

（2）各级单位应建立完善反违章工作机制，组织开展“无违章现场”“无违章员工”等创建活动，鼓励自查自纠，对及时发现纠正违章、避免安全事故的单位和个人给予表扬和奖励。

（3）各级单位应加强生产作业安全管控工作的检查指导与评价，定期分析评估安全管控工作执行情况，督促落实安全管控工作标准和措施，持续改进和提高生产作业安全管控工作水平。

本章小结

安全是方方面面的，是人人参与其中的。生产作业安全管控标准化是有效防范事故发生的重要手段。本章通过学习作业计划、作业准备、作业实施、监督考核各环节安全管理要求及注意事项，增强从业人员安全生产素质，从根本上减少甚至是杜绝安全事故的发生，有利于全面提高企业安全产生保障水平。

第6章　安全工器具检查与使用要求

本章概要

安全工器具检查分为出厂验收检查、试验检验检查和使用前检查，使用前应检查安全工器具的合格证和外观。

6.1　个体防护装备

6.1.1　安全帽

6.1.1.1　检查要求

（1）永久标识和产品说明等标识清晰完整，安全帽的帽壳、帽衬（帽箍、吸汗带、缓冲垫及衬带）、帽箍扣、下颏带等组件完好无缺失。

（2）帽壳内外表面应平整光滑，无划痕、裂缝和孔洞，无灼伤、冲击痕迹。

（3）帽衬与帽壳连接牢固，后箍、锁紧卡等开闭调节灵活，卡位牢固。

（4）使用期从产品制造完成之日起计算：植物枝条编织帽不得超过两年，塑料和纸胶帽不得超过两年半；玻璃钢（维纶钢）橡胶帽不超过三年半。超期的安全帽应抽查检验合格后方可使用，以后每年抽检一次。每批从最严酷使用场合中抽取，每项试验试样不少于两顶，有一顶不合格，则该批安全帽报废。

6.1.1.2　使用要求

（1）任何人员进入生产、施工现场必须正确佩戴安全帽。针对不同的生产场所，根据安全帽产品说明选择适用的安全帽。

（2）安全帽戴好后，应将帽箍扣调整到合适的位置，锁紧下颚带，防止工作中前倾后仰或其他原因造成滑落。

（3）受过一次强冲击或做过试验的安全帽不能继续使用，应予以报废。

（4）高压近电报警安全帽使用前应检查其音响部分是否良好，但不得作为无电的依据。

6.1.2 防护眼镜

6.1.2.1 检查要求

（1）防护眼镜的标识清晰完整，并位于透镜表面不影响使用功能处。

（2）防护眼镜表面光滑，无气泡、杂质，以免影响工作人员的视线。

（3）镜架平滑，不可造成擦伤或有压迫感；同时，镜片与镜架衔接要牢固。

6.1.2.2 使用要求

（1）防护眼镜的选择要正确。要根据工作性质、工作场合选择相应的防护眼镜。如在装卸高压熔断器或进行气焊时，应戴防辐射防护眼镜；在室外阳光曝晒的地方工作时，应戴变色镜（防辐射线防护眼镜的一种）；在进行车、铣、刨及用砂轮磨工件时，应戴防打击防护眼镜等；在向蓄电池内注入电解液时，应戴防有害液体防护眼镜或戴防毒气封闭式无色防护眼镜。

（2）防护眼镜的宽窄和大小要恰好适合使用者的要求。如果大小不合适，防护眼镜滑落到鼻尖上，结果就起不到防护作用。

（3）防护眼镜应按出厂时标明的遮光编号或使用说明书使用。

（4）透明防护眼镜佩戴前应用干净的布擦拭镜片，以保证足够的透光度。

（5）戴好防护眼镜后应收紧防护眼镜镜腿（带），避免造成滑落。

6.1.3 自吸过滤式防毒面具

6.1.3.1 检查要求

（1）标识清晰完整，无破损。

（2）使用前应检查面具的完整性和气密性，面罩密合框应与佩戴者颜面密合，无明显压痛感。

6.1.3.2 使用要求

（1）使用自吸过滤式防毒面具时，空气中氧气浓度不得低于18%，温度为－30～45℃，不能用于槽、罐等密闭容器环境。

（2）使用者应根据其面型尺寸选配适宜的面罩号码。

（3）使用中应注意有无泄漏和滤毒罐失效。自吸过滤式防毒面具的过滤剂有一定的使用时间，一般为30～100min。过滤剂失去过滤作用（面具内有特殊气味）时，应及时更换。

6.1.4 正压式消防空气呼吸器

6.1.4.1 检查要求

（1）标识清晰完整，无破损。

（2）使用前应检查正压式消防空气呼吸器气罐表计压力在合格范围内。检查面具的完整性和气密性，面罩密合框应与佩戴者颜面密合，无明显压痛感。

6.1.4.2 使用要求

（1）使用者应根据其面型尺寸选配适宜的面罩号码。

（2）使用中应注意有无泄漏。

6.1.5 安全带

6.1.5.1 检查要求

（1）商标、合格证和检验证等标识清晰完整，各部件完整无缺失、无伤残破损。

（2）腰带、围杆带、肩带、腿带等带体无灼伤、脆性断裂及霉变，表面不应有明显磨损及切口；围杆绳、安全绳无灼伤、脆性断裂、断股及霉变，各股松紧一致，绳子应无扭结；护腰带接触腰的部分应垫有柔软材料，边缘圆滑无角。

（3）织带折头连接应使用缝线，不应使用铆钉、胶粘、热合等工艺，缝线颜色与织带应有区分。

（4）金属配件表面光洁，无裂纹、无严重锈蚀和目测可见的变形，配件边缘应呈圆弧形；金属环类零件不允许使用焊接，不应留有开口。

（5）金属挂钩等连接器应有保险装置，应在两个及以上明确的动作下才能打开，且操作灵活。钩体和钩舌的咬口必须完整，两者不得偏斜。各调节装置应灵活可靠。

6.1.5.2　使用要求

（1）围杆作业安全带一般使用期限为 3 年，区域限制安全带和坠落悬挂安全带使用期限为 5 年，如发生坠落事故，则应由专人进行检查，如有影响性能的损伤，则应立即更换。

（2）应正确选用安全带，其功能应符合现场作业要求，如需多种条件下使用，在保证安全提前下，可选用组合式安全带（区域限制安全带、围杆作业安全带、坠落悬挂安全带等的组合）。

（3）安全带穿戴好后应仔细检查连接扣或调节扣，确保各处绳扣连接牢固。

（4）2m 及以上的高处作业应使用安全带。

（5）在坝顶、陡坡、屋顶、悬崖、杆塔、吊桥以及其他危险的边沿进行工作，临空一面应装设安全网或防护栏杆，否则，作业人员应使用安全带。

（6）在没有脚手架或者在没有栏杆的脚手架上工作，高度超过 1.5m 时，应使用安全带。

（7）在电焊作业或其他有火花、熔融源等场所使用的安全带或安全绳应有隔热防磨套。

（8）安全带的挂钩或绳子应挂在结实牢固的构件或专为挂安全带用的钢丝绳上，并应采用高挂低用的方式。

（9）高处作业人员在转移作业位置时不准失去安全保护。

（10）禁止将安全带系在移动或不牢固的物件上，如隔离开关支持绝缘子、瓷横担、未经固定的转动横担、线路支柱绝缘子、避雷器支柱绝缘子等。

（11）登杆前，应进行围杆带和后备绳的试拉，无异常方可继续使用。

6.1.6　安全绳

6.1.6.1　检查要求

（1）安全绳的产品名称、标准号、制造厂名及厂址、生产日期（年、月）

及有效期、总长度、产品作业类别（围杆作业、区域限制或坠落悬挂）、产品合格标志、法律法规要求标注的其他内容等永久标识清晰完整。

（2）安全绳应光滑、干燥，无霉变、断股、磨损、灼伤、缺口等缺陷。所有部件应顺滑，无材料或制造缺陷，无尖角或锋利边缘。护套（如有）完整不应破损。

（3）织带式安全绳的织带应加锁边线，末端无散丝；纤维绳式安全绳绳头无散丝；钢丝绳式安全绳的钢丝应捻制均匀、紧密、不松散，中间无接头；链式安全绳下端环、连接环和中间环的各环间转动灵活，链条形状一致。

6.1.6.2 使用要求

（1）安全绳应是整根，不应私自接长使用。

（2）在具有高温、腐蚀等场合使用的安全绳，应穿入整根具有耐高温、抗腐蚀的保护套或采用钢丝绳式安全绳。

（3）安全绳的连接应通过连接扣连接，在使用过程中不应打结。

6.1.7 连接器

6.1.7.1 检查要求

（1）连接器的类型、制造商标识、工作受力方向强度等永久标识清晰完整。

（2）连接器表面光滑，无裂纹、褶皱，边缘圆滑无毛刺，无永久性变形和活门失效等现象。

（3）连接器应操作灵活，扣体钩舌和闸门的咬口应完整，两者不得偏斜，应有保险装置，经过两个及以上的动作才能打开。

（4）活门应向连接器锁体内打开，不得松旷，同预定打开水平面倾斜不得超过 20°。

6.1.7.2 使用要求

（1）有自锁功能的连接器活门关闭时应自动上锁，在上锁状态下必须经两个以上动作才能打开。

（2）手动上锁的连接器应确保必须经两个以上动作才能打开，有锁止警示的连接器锁止后应能观测到警示标志。

（3）使用连接器时，受力点不应在连接器的活门位置。

（4）不应多人同时使用同一个连接器作为连接或悬挂点。

6.1.8　速差自控器

6.1.8.1　检查要求

（1）产品名称及标记、标准号、制造厂名、生产日期（年、月）及有效期、法律法规要求标注的其他内容等永久标识清晰完整。

（2）速差自控器的各部件完整无缺失、无伤残破损，外观应平滑，无材料和制造缺陷，无毛刺和锋利边缘。

（3）钢丝绳速差自控器的钢丝应均匀绞合紧密，不得有叠痕、突起、折断、压伤、锈蚀及错乱交叉的钢丝；织带速差自控器的织带表面、边缘、软环处应无擦破、切口或灼烧等损伤，缝合部位无崩裂现象。

（4）速差自控器的安全识别保险装置—坠落指示器（如有）应未动作。

（5）用手将速差自控器的安全绳（带）进行快速拉出，速差自控器应能有效制动并完全回收。

6.1.8.2　使用要求

（1）使用时应认真查看速差自控器防护范围及悬挂要求。

（2）速差自控器应系在牢固的物体上，禁止系挂在移动或不牢固的物件上。不得系在棱角锋利处。速差自控器拴挂时严禁低挂高用。

（3）速差自控器应连接在人体前胸或后背的安全带挂点上，移动时应缓慢，禁止跳跃。

（4）禁止将速差自控器锁止后悬挂在安全绳（带）上作业。

6.1.9　导轨自锁器

6.1.9.1　检查要求

（1）产品合格标志、标准号、产品名称及型号规格、生产单位名称、生产日期及有效期限、正确使用方向的标志、最大允许连接绳长度等永久标识清晰完整。

（2）导轨自锁器各部件完整无缺失，本体及配件应无目测可见的凹凸痕迹。本体为金属材料时，无裂纹、变形及锈蚀等缺陷，所有铆接面应平整、无毛刺，金属表面镀层应均匀、光亮，不允许有起皮、变色等缺陷；本体为工程塑料时，表面应无气泡、开裂等缺陷。

（3）导轨自锁器上的导向轮应转动灵活，无卡阻、破损等缺陷。

（4）导轨自锁器整体不应采用铸造工艺制造。

6.1.9.2 使用要求

（1）使用时应查看导轨自锁器安装箭头，正确安装导轨自锁器。

（2）在导轨（绳）上手提自锁器，自锁器在导轨（绳）上应运行顺滑，不应有卡住现象，突然释放自锁器时应能有效锁止在导轨（绳）上。

（3）导轨自锁器与安全带之间的连接绳不应大于0.5m，导轨自锁器应连接在人体前胸或后背的安全带挂点上。

（4）禁止将自锁器锁止在导轨（绳）上作业。

6.1.10 缓冲器

6.1.10.1 检查要求

（1）产品名称、标准号、产品类型（Ⅰ型、Ⅱ型）、最大展开长度、制造厂名及厂址、产品合格标志、生产日期（年、月）及有效期、法律法规要求标注的其他内容等永久标识清晰完整。

（2）缓冲器所有部件应平滑，无材料和制造缺陷，无尖角或锋利边缘。

（3）织带型缓冲器的保护套应完整，无破损、开裂等现象。

6.1.10.2 使用要求

（1）使用时应认真查看缓冲器防护范围及防护等级。

（2）缓冲器与安全绳及安全带配套使用时，作业高度要足以容纳安全绳和缓冲器展开的安全坠落空间。

（3）缓冲器禁止多个串联使用。

（4）缓冲器与安全带、安全绳连接应使用连接器，严禁绑扎使用。

6.1.11 安全网

6.1.11.1 检查要求

（1）标准号、产品合格证、产品名称及分类标记、制造商名称及地址、生产日期等永久标识清晰完整。网体、边绳、系绳、筋绳无灼伤、断纱、破洞、变形及有碍使用的编织缺陷。所有节点固定。

（2）平网和立网的网目边长不大于 0.08m，系绳与网体连接牢固，沿网边均匀分布，相邻两系绳间距不大于 0.75m，系绳长度不小于 0.8m；平网相邻两筋绳间距不大于 0.3m。

（3）密目式安全立网的网眼孔径不大于 12mm；各边缘部位的开眼环扣牢固可靠，开眼环扣孔径不小于 0.008m。

6.1.11.2　使用要求

（1）立网或密目网拴挂好后，人员不应倚靠在网上或将物品堆积靠压立网或密目网。

（2）平网不应用作堆放物品的场所，也不应作为人员通道，作业人员不应在平网上站立或行走。

（3）不应将安全网在粗糙或有锐边（角）的表面拖拉。

（4）焊接作业应尽量远离安全网，应避免焊接火花落入网中。

（5）应及时清理安全网上的落物，当安全网受到巨大冲击后应及时更换。

（6）平网下方的安全区域内不应堆放物品，平网上方有人工作时，人员、车辆、机械不应进入此区域。

6.1.12　静电防护服

6.1.12.1　检查要求

标识清晰完整，无破损。

6.1.12.2　使用要求

作业人员穿戴静电防护服，各部分应连接良好。

6.1.13　防电弧服

6.1.13.1　检查要求

（1）标识清晰完整，无破损。

（2）手套与电弧防护服袖口覆盖部分应不少于 100mm。

（3）鞋罩应能覆盖足部。

6.1.13.2 使用要求

（1）防电弧服只能对头部、颈部、手部、脚部以外的身体部位进行适当保护，所以在易发生电弧危害的环境中，必须和其他防电弧设备一起使用，如防电弧头罩、绝缘鞋等设备。在进入带电弧环境中，请务必穿戴好防电弧服及其他的配套设备，不得随意将皮肤裸露在外面以防事故发生时通过空隙而造成重大的事故损伤。

（2）穿着者在使用防电弧服的过程中，可能会降低对电弧危害的敏感性，易产生麻痹心理，因此在有电环境中工作时不要降低对电弧危害的警惕，不可以随意暴露身体，当有异常情况发生时，要及时脱离现场，切忌和火焰直接接触。

（3）损坏并无法修补的个人电弧防护用品应报废。

（4）个人电弧防护用品一旦暴露在电弧能量之后应报废。

（5）超过厂商建议服务期或正常洗涤次数的个人电弧防护用品应进行检测，检测不合格应报废。

6.1.14 耐酸服

6.1.14.1 检查要求

标识清晰完整，无破损。

6.1.14.2 使用要求

（1）透气型耐酸服用于中、轻度酸污染场所的防护，不透气型耐酸服用于严重酸污染场所，并且只能在规定的酸作业环境中作为辅助用具使用。

（2）穿用时应避免接触锐器，防止受到机械损伤。

（3）使用耐酸服时，还应注意厂家提供的检验报告上主要性能指标是否符合标准要求，确保工作时的安全。

6.1.15 SF_6防护服

6.1.15.1 检查要求

（1）SF_6防护服的制造厂名或商标、型号名称、制造年月等标识清晰完整。

（2）整套服装（包括连体防护服、SF_6专用防毒面具、SF_6专用滤毒缸、工作手套和工作鞋）内、外表面均应完好无损，不存在破坏其均匀性、损坏表面光滑轮廓的缺陷，如明显孔洞、裂缝等；防毒面具的呼、吸气活门片应能自由活动。

（3）整套服装气密性应良好。

6.1.15.2　使用要求

（1）使用 SF_6 防护服的人员应进行体格检查，尤其是心脏和肺功能检查，功能不正常者不应使用。

（2）工作人员佩戴 SF_6 防毒面具进行工作时，要有专人在现场监护，以防出现意外事故。

（3）SF_6 防毒面具应在空气含氧量不低于18%、环境温度为−30～45℃、有毒气体体积浓度不高于0.5%的环境中使用。

6.1.16　耐酸手套

6.1.16.1　检查要求

（1）标识清晰完整，无喷霜、发脆、发黏和破损等缺陷。

（2）耐酸手套应具有气密性，无漏气现象发生。

6.1.16.2　使用要求

（1）应明确耐酸手套的防护范围，不可超范围使用。

（2）使用时应防止与汽油、机油、润滑油、各种有机溶剂接触；防止锋利的金属刺割及与高温接触。

6.1.17　耐酸靴

6.1.17.1　检查要求

标识清晰完整，无破损。

6.1.17.2　使用要求

（1）耐酸靴只能使用于一般浓度较低的酸作业场所，不能浸泡在酸液中进行较长时间作业，以防酸溶液渗入靴内腐蚀脚造成伤害。

（2）耐酸靴使用时应避免接触油类，否则易脏且易破裂；避免与有机溶剂接触；避免与锐利物接触，以免割破损伤靴面或靴底引起渗漏，影响防护功能。

6.1.18 导电鞋（防静电鞋）

6.1.18.1 检查要求

（1）导电鞋（防静电鞋）的鞋号、制造商名称和生产日期等标识清晰完整。

（2）鞋子内外表面应无破损。

（3）不应有屈挠和污染等影响导电性能的缺陷。

6.1.18.2 使用要求

（1）使用时，不应同时穿绝缘的毛料厚袜及绝缘的鞋垫。

（2）使用导电鞋（防静电鞋）的场所应是能导电的地面。

（3）禁止将防静电鞋当绝缘鞋使用。

（4）在220kV及以上电压等级的带电线路杆塔上及变电站构架上作业时，应穿导电鞋。

6.1.19 个人保安线

6.1.19.1 检查要求

（1）个人保安线的厂家名称或商标、产品的型号或类别、横截面积（mm^2）、生产年份等标识清晰完整。

（2）个人保安线应用多股软铜线，其截面不得小于16mm^2；个人保安线的绝缘护套材料应柔韧透明，护层厚度大于1mm。护套应无孔洞、撞伤、擦伤、裂缝、龟裂等现象，导线无裸露、无松股、中间无接头、断股和发黑腐蚀。汇流夹应由T3或T2铜制成，压接后应无裂纹，与个人保安线连接牢固。

（3）线夹完整、无损坏，线夹与电力设备及接地体的接触面无毛刺。

（4）个人保安线应采用线鼻与线夹相连接，线鼻与线夹连接牢固，接触良好，无松动、腐蚀及灼伤痕迹。

6.1.19.2 使用要求

（1）个人保安线仅作为预防感应电使用，不得以此代替电力安全工作规程规定的工作接地线。只有在工作接地线挂好后，方可在工作相上挂个人保安线。

（2）工作地段如有邻近、平行、交叉跨越及同杆塔架设线路，为防止停电检修线路上感应电压伤人，在需要接触或接近导线工作时，应使用个人保安线。

（3）个人保安线应在杆塔上接触或接近导线的作业开始前挂接，作业结束脱离导线后拆除。

（4）装设时，应先接接地端，后接导线端，且接触良好，连接可靠。拆个人保安线的顺序与此相反。个人保安线由作业人员负责自行装、拆。

（5）在杆塔或横担接地通道良好的条件下，个人保安线接地端允许接在杆塔或横担上。

6.1.20　SF_6气体检漏仪

6.1.20.1　检查要求

（1）外观良好，仪器完整，仪器名称、型号、制造厂名称、出厂时间、编号等应齐全、清晰。附件齐全。

（2）仪器连接可靠，各旋钮应能正常调节。

（3）通电检查时，外露的可动部件应能正常动作；显示部分应有相应指示；对有真空要求的仪器，真空系统应能正常工作。

6.1.20.2　使用要求

（1）在开机前，操作者要首先熟悉操作说明，严格按照仪器的开机和关机步骤进行操作。

（2）严禁将探枪放在地上，探枪孔不得被灰尘污染，以免影响仪器的性能。

（3）探枪和主机不得拆卸，以免影响仪器正常工作。

（4）仪器是否正常以自校格数为准。仪器探头已调好，勿自行调节。

（5）注意真空泵的维护保养，注意电磁阀是否正常动作，并检查电磁阀的密封性。

（6）给真空泵换油时，仪器不得带电（要拔掉电源线），以免发生触电事故。

（7）仪器在运输过程中严禁倒置，不可剧烈振动。

6.1.21　含氧量测试仪及有害气体检测仪

6.1.21.1　检查要求

（1）标识清晰完整，外观完好无破损。

（2）开机后自检功能正常。

6.1.21.2 使用要求

含氧量测试仪及有害气体检测仪专门用于危险环境和有限、密闭空间的含氧量、有害气体检测，应依据测试仪使用说明书进行操作。

6.1.22 防火服

6.1.22.1 检查要求

防火服应无破损。

6.1.22.2 使用要求

（1）如要除去防火服上的残留污垢，应用自来水或中性肥皂，洗涤剂只能用在受污染的部位。

（2）如防火服和化学品接触，或发现有气泡现象，则应清洗整个表面。

（3）防火服在重新存放前务必进行彻底干燥，晾好存放最好不要折叠。

6.2 绝缘安全工器具

6.2.1 电容型验电器

6.2.1.1 检查要求

（1）电容型验电器的额定电压或额定电压范围、额定频率（或频率范围）、生产厂名和商标、出厂编号、生产年份、适用气候类型（D、C 和 G）、检验日期及带电作业用（双三角）符号等标识清晰完整。

（2）电容型验电器的各部件，包括手柄、护手环、绝缘元件、限度标记（在绝缘杆上标注的一种醒目标志，向使用者指明应防止标志以下部分插入带电设备中或接触带电体）和接触电极、指示器和绝缘杆等均应无明显损伤。

（3）绝缘杆应清洁、光滑，绝缘部分应无气泡、皱纹、裂纹、划痕、硬伤、绝缘层脱落、严重的机械或电灼伤痕。伸缩型绝缘杆各节配合合理，拉伸后不应自动回缩。

（4）指示器应密封完好，表面应光滑、平整。

（5）手柄与绝缘杆、绝缘杆与指示器的连接应紧密牢固。

（6）自检三次，指示器均应有视觉和听觉信号出现。

6.2.1.2　使用要求

（1）电容型验电器的规格必须符合被操作设备的电压等级，使用时，应轻拿轻放。

（2）操作前，验电器杆表面应用清洁的干布擦拭干净，使表面干燥、清洁。并在有电设备上进行试验，确认验电器良好；无法在有电设备上进行试验时可用高压发生器等确证验电器良好。如在木杆、木梯或木架上验电，不接地不能指示者，经运行值班负责人或工作负责人同意后，可在验电器绝缘杆尾部接上接地线。

（3）操作时，应戴绝缘手套，穿绝缘靴。使用抽拉式电容型验电器时，绝缘杆应完全拉开。人体应与带电设备保持足够的安全距离，操作者的手握部位不得越过护环，以保持有效的绝缘长度。

（4）非雨雪型电容型验电器不得在雷、雨、雪等恶劣天气时使用。

（5）使用操作前，应自检一次，声光报警信号应无异常。

6.2.2　携带型短路接地线

6.2.2.1　检查要求

（1）接地线的厂家名称或商标、产品的型号或类别、接地线横截面积（mm^2）、生产年份及带电作业用（双三角）符号等标识清晰完整。

（2）接地线的多股软铜线截面不得小于 $25mm^2$，其他要求同个人保安接地线。

（3）接地操作杆同绝缘杆的要求。

（4）线夹完整、无损坏，与操作杆连接牢固，有防止松动、滑动和转动的措施。应操作方便，安装后应有自锁功能。线夹与电力设备及接地体的接触面无毛刺，紧固力应不致损坏设备导线或固定接地点。

6.2.2.2　使用要求

（1）接地线的截面应满足装设地点短路电流的要求，长度应满足工作现场需要。

（2）经验明确无电压后，应立即装设接地线并三相短路（直流线路两极接地线分别直接接地），利用铁塔接地或与杆塔接地装置电气上直接相连的横担接地时，允许每相分别接地，对于无接地引下线的杆塔，可采用临时接地体。

（3）装设接地线时，应先接接地端，后接导线端，接地线应接触良好、连接应可靠，拆接地线的顺序与此相反，人体不准碰触未接地的导线。

（4）装、拆接地线均应使用满足安全长度要求的绝缘棒或专用的绝缘绳。

（5）禁止使用其他导线作接地线或短路线，禁止用缠绕的方法进行接地或短路。

（6）设备检修时模拟盘上所挂接地线的数量、位置和接地线编号，应与工作票和操作票所列内容一致，与现场所装设的接地线一致。

6.2.3 绝缘杆

6.2.3.1 检查要求

（1）绝缘杆的型号规格、制造厂名、制造日期、电压等级及带电作业用（双三角）符号等标识清晰完整。

（2）绝缘杆的接头不管是固定式的还是拆卸式的，连接都应紧密牢固，无松动、锈蚀和断裂等现象。

（3）绝缘杆应光滑，绝缘部分应无气泡、皱纹、裂纹、绝缘层脱落、严重的机械或电灼伤痕，玻璃纤维布与树脂间黏接完好不得开胶。

（4）握手的手持部分护套与操作杆连接紧密、无破损，不产生相对滑动或转动。

6.2.3.2 使用要求

（1）绝缘杆的规格必须符合被操作设备的电压等级，切不可任意取用。

（2）操作前，绝缘杆表面应用清洁的干布擦拭干净，使表面干燥、清洁。

（3）操作时，人体应与带电设备保持足够的安全距离，操作者的手握部位不得越过护环，以保持有效的绝缘长度，并注意防止绝缘杆被人体或设备短接。

（4）为防止因受潮而产生较大的泄漏电流，危及操作人员的安全，在使用绝缘杆拉合隔离开关或经传动机构拉合隔离开关和断路器时，均应戴绝缘手套。

（5）雨天在户外操作电气设备时，绝缘杆的绝缘部分应有防雨罩，罩的上口应与绝缘部分紧密结合，无渗漏现象，以便阻断流下的雨水，使其不致形成连续的水流柱而大大降低湿闪电压。另外，雨天使用绝缘杆操作室外高压设备时，还应穿绝缘靴。

6.2.4　核相器

6.2.4.1　检查要求

（1）核相器的标称电压或标称电压范围、标称频率或标称频率范围、能使用的等级（A、B、C 或 D）、生产厂名称、型号、出厂编号、指明户内或户外型、适应气候类别（C、N 或 W）、生产日期、警示标记、供电方式及带电作业用（双三角）符号等标识清晰完整。

（2）核相器的各部件，包括手柄、手护环、绝缘元件、电阻元件、限位标记和接触电极、连接引线、接地引线、指示器、适配器和绝缘杆等均应无明显损伤。指示器表面应光滑、平整，绝缘杆内外表面应清洁、光滑，无划痕及硬伤。连接线绝缘层应无破损、老化现象，导线无扭结现象。

（3）各部件连接应牢固可靠，指示器应密封完好。

6.2.4.2　使用要求

（1）核相器的规格必须符合被操作设备的电压等级，使用核相器时，应轻拿轻放。

（2）操作前，核相器表面应用清洁的干布擦拭干净，使表面干燥、清洁。

（3）操作时，人体应与带电设备保持足够的安全距离，操作者的手握部位不得越过护手环，以保持有效的绝缘长度。

6.2.5　绝缘遮蔽罩

6.2.5.1　检查要求

（1）绝缘遮蔽罩的制造厂名、商标、型号、制造日期、电压等级及带电作业用（双三角）符号等标识清晰完整。

（2）遮蔽罩内外表面不应存在破坏其均匀性、损坏表面光滑轮廓的缺陷，如小孔、裂缝、局部隆起、切口、夹杂导电异物、折缝、空隙及凹凸波纹等。

（3）提环、孔眼、挂钩等用于安装的配件应无破损，闭锁部件应开闭灵活，闭锁可靠。

6.2.5.2 使用要求

（1）绝缘遮蔽罩应根据使用电压的等级来选择，不得越级使用。

（2）当环境为－25～＋55℃时，建议使用普通遮蔽罩；当环境温度为－40～＋55℃，建议使用C类遮蔽罩；当环境温度为－10～＋70℃时，建议使用W类遮蔽罩。

（3）现场带电安放绝缘遮蔽罩时，应戴绝缘手套。

6.2.6 绝缘隔板

6.2.6.1 检查要求

（1）绝缘隔板的标识清晰完整。

（2）绝缘隔板无老化、裂纹或孔隙。

（3）绝缘隔板一般用环氧玻璃丝板制成，用于10kV电压等级的绝缘隔板厚度不应小于3mm，用于35kV电压等级的绝缘隔板厚度不应小于4mm。

6.2.6.2 使用要求

（1）装拆绝缘隔板时应与带电部分保持一定距离（符合安全规程的要求），或者使用绝缘工具进行装拆。

（2）使用绝缘隔板前，应先擦净绝缘隔板的表面，保持表面洁净。

（3）现场放置绝缘隔板时，应戴绝缘手套；如在隔离开关动、静触头之间放置绝缘隔板时，应使用绝缘棒。

（4）绝缘隔板在放置和使用中要防止脱落，必要时可用绝缘绳索将其固定并保证牢靠。

（5）绝缘隔板应使用尼龙等绝缘挂线悬挂，不能使用胶质线，以免在使用中造成接地或短路。

6.2.7 绝缘夹钳

6.2.7.1 检查要求

（1）绝缘夹钳的型号规格、制造厂名、制造日期、电压等级等标识清晰完整。

（2）绝缘夹钳的绝缘部分应无气泡、皱纹、裂纹、绝缘层脱落、严重的机械或电灼伤痕，玻璃纤维布与树脂间黏接完好不得开胶。握手部分护套与绝缘部分连接紧密、无破损，不产生相对滑动或转动。

（3）绝缘夹钳的钳口动作灵活，无卡阻现象。

6.2.7.2　使用要求

（1）绝缘夹钳的规格应与被操作线路的电压等级相符合。

（2）操作前，绝缘夹钳表面应用清洁的干布擦拭干净，使表面干燥、清洁。

（3）操作时，应穿戴护目眼镜、绝缘手套和绝缘鞋或站在绝缘台（垫）上，精神集中，保持身体平衡，握紧绝缘夹钳不使其滑脱落下。人体应与带电设备保持足够的安全距离，操作者的手握部位不得越过护环，以保持有效的绝缘长度，并注意防止绝缘夹钳被人体或设备短接。

（4）绝缘夹钳严禁装接地线，以免接地线在空中摆动触碰带电部分造成接地短路和触电事故。

（5）在潮湿天气，应使用专用的防雨绝缘夹钳。

6.2.8　带电作业用安全帽

6.2.8.1　检查要求

带电作业用安全帽的产品名称、制造厂名、生产日期及带电作业用（双三角）符号等永久性标识清晰完整，其他要求同安全帽。

6.2.8.2　使用要求

带电作业时应佩戴带电作业用安全帽，其他要求同安全帽。

6.2.9　绝缘服装

6.2.9.1　检查要求

（1）绝缘服装的制造厂或商标、型号及种类、电压级别、生产日期及带电作业用（双三角）符号等标识清晰完整。

（2）内外表面均应完好无损、均匀光滑，无小孔、局部隆起、夹杂异物、折缝、空隙等。

（3）整体应具有足够的弹性且平坦，并采用无缝制作方式。

6.2.9.2 使用要求

（1）绝缘服装应根据使用电压的高低、不同防护条件来选择。

（2）绝缘服装使用环境温度为－25～＋55℃。

6.2.10 屏蔽服装

6.2.10.1 检查要求

（1）屏蔽服装的制造厂名或商标、型号名称、制造年月、电压等级及带电作业用（双三角）符号等标识清晰完整。

（2）屏蔽服装（包括上衣、裤子、手套、袜子、帽子和鞋子）内、外表面均应完好无损，不存在破坏其均匀性、损坏表面光滑轮廓的缺陷，如明显孔洞、裂缝等；鞋子应无破损，鞋底表面无严重磨损现象，分流连接线完好。

（3）上衣、裤子、帽子之间应有两个连接头，上衣与手套、裤子与袜子每端分别各有一个连接头。将连接头组装好后，轻扯连接带与服装各部位的连接，确认其完好可靠并具有一定的机械强度（工作中不会自动脱开）。

6.2.10.2 使用要求

（1）等电位作业人员应在衣服外面穿合格的全套屏蔽服装（包括上衣、裤子、手套、短袜、帽子、面罩、鞋子），将连接头组装好后，轻扯连接带与服装各部位的连接，确认其完好可靠并具有一定的机械强度（工作中不会自动脱开）。

（2）严禁通过屏蔽服装断、接接地电流，及空载线路和耦合电容器的电容电流。

6.2.11 带电作业用绝缘手套

6.2.11.1 检查要求

带电作业用绝缘手套的可适用的种类、尺寸、电压等级、制造年月及带电作业用（双三角）符号等标识清晰完整。复合绝缘手套还应具有机械防护符号。其他要求同绝缘手套。

6.2.11.2 使用要求

（1）带电作业用绝缘手套应根据使用电压的高低、不同防护条件来选择，不得越级使用，以免造成击穿而触电。

（2）带电作业用绝缘手套应避免不必要地暴露在高温、阳光下，也要尽量避免和机油、油脂、变压器油、工业乙醇以及强酸接触，应避免尖锐物体刺、划。

6.2.12　带电作业用绝缘靴（鞋）

6.2.12.1　检查要求

（1）带电作业用绝缘靴（鞋）的鞋号、生产年月、标准号、耐电压数值、制造商名称、产品名称、出厂检验合格印章及带电作业用（双三角）符号等标识清晰完整。

（2）带电作业用绝缘靴应无针孔、裂纹、砂眼、气泡、切痕、嵌入导电杂物、明显的压膜痕迹及合模凹陷等缺陷。

（3）带电作业用绝缘靴后跟高度不超过 30mm，外底应有防滑花纹。

6.2.12.2　使用要求

带电作业时穿带电作业用绝缘靴（鞋），其他要求同绝缘靴（鞋）。

6.2.13　带电作业用绝缘垫

6.2.13.1　检查要求

带电作业用绝缘垫的制造厂或商标、种类、型号（长度和宽度）、电压级别、生产日期及带电作业用（双三角）符号等标识清晰完整。其他要求同绝缘胶垫。

6.2.13.2　使用要求

带电作业用绝缘垫应根据使用电压的高低等条件来选择，不得越级使用，其他要求同绝缘胶垫。

6.2.14　带电作业用绝缘毯

6.2.14.1　检查要求

同带电作业用绝缘垫。

6.2.14.2　使用要求

带电作业用绝缘毯包裹导体时，应牢固不松脱。

6.2.15 带电作业用绝缘硬梯

6.2.15.1 检查要求

（1）带电作业用绝缘硬梯的名称、电压等级、商标、型号、制造日期、制造厂名及带电作业用（双三角）符号等标识清晰完整。

（2）带电作业用绝缘硬梯的各部件应完整光滑，无气泡、皱纹、开裂或损伤，玻璃纤维布与树脂间黏接完好不得开胶，杆段间连接牢固无松动，整梯无松散。

（3）金属连接件无目测可见的变形，防护层完整，活动部件灵活。

（4）升降梯升降灵活，锁紧装置可靠。

6.2.15.2 使用要求

（1）带电作业用绝缘硬梯使用高度超过5m，请务必在带电作业用绝缘硬梯中上部设立ϕ8以上拉线。

（2）带电作业用绝缘硬梯应根据使用电压等级来选择，不得越级使用。

（3）使用时，绝对禁止超过带电作业用绝缘硬梯的工作负荷，需要有人扶持带电作业用绝缘硬梯进行保护（同时防止侧歪），并用脚踩住带电作业用绝缘硬梯的底脚，以防底脚发生移动。身体保持在梯梆的横撑中间，保持正直，不能伸到外面。

6.2.16 绝缘托瓶架

6.2.16.1 检查要求

（1）绝缘托瓶架的商标及型号、制造日期、制造厂名、电压等级及带电作业用（双三角）符号等标识清晰完整。

（2）绝缘托瓶架的各部件应完整，表面应光滑平整，绝缘部分无气泡、皱纹、开裂、老化、绝缘层脱落及严重伤痕，玻璃纤维布与树脂间黏接完好，杆、段、板间连接牢固，无松动、锈蚀及断裂等现象。

（3）绝缘托瓶架各部位外形应倒圆弧，不得有尖锐棱角。

6.2.16.2 使用要求

绝缘托瓶架应根据使用电压等级、不同载荷条件来选择。

6.2.17 带电作业用绝缘绳（绳索类工具）

6.2.17.1 检查要求

（1）带电作业用绝缘绳（绳索类工具）的标志应清晰，每股绝缘绳索及每股线均应紧密绞合，不得有松散、分股的现象。

（2）绳索各股及各股中丝线均不应有叠痕、凸起、压伤、背股、抽筋等缺陷，不得有错乱、交叉的丝、线、股。

（3）接头应单根丝线连接，不允许有股接头。单丝接头应封闭于绳股内部，不得露在外面。

（4）股绳和股线的捻距及纬线在其全长上应均匀。

（5）经防潮处理后的带电作业用绝缘绳索表面应无油渍、污迹、脱皮等。

6.2.17.2 使用要求

（1）可根据工作要求选用不同机械性能的常规强度带电作业用绝缘绳（绳索类工具）或高强度带电作业用绝缘绳（绳索类工具）。根据不同气候条件选用常规型带电作业用绝缘绳（绳索类工具）或防潮型带电作业用绝缘绳（绳索类工具）。

（2）使用时，带电作业用绝缘绳（绳索类工具）应避免不必要地暴露在高温、阳光下，也要避免和机油、油脂、变压器油、工业乙醇接触，严禁与强酸、强碱物质接触。

（3）常规型带电作业用绝缘绳（绳索类工具）适用于晴朗干燥气候条件下的带电作业。防潮型带电作业用绝缘绳（绳索类工具）适用于无雨雪、无持续浓雾的各种气候条件下作业。对已潮湿的带电作业用绝缘绳（绳索类工具）应进行干燥处理，但干燥的温度不宜超过65℃。

（4）可根据带电作业用绝缘绳使用频度和状况，以及电气化学和环境储存等因素可能造成的老化，确定带电作业用绝缘绳（绳索类工具）的使用年限。

6.2.18 绝缘软梯

6.2.18.1 检查要求

（1）绝缘软梯的标识应清晰完整，整体应保持干燥、洁净、无破损缺陷。

（2）边绳及环形绳要求。

1）编织结构：绳扣接头应采用镶嵌方式，接头应紧密匀称；环形绳与边绳的包箍连接点应平服、牢固扣紧；边绳与环形绳应紧密绞合，不得有松散、分股等缺陷。内、外纬线的节距应匀称，股线连接接头应牢固，且应嵌入编织层内，不得突露在外表面。

2）捻合结构：绳索和绳股应连续而无捻接。捻合成的绳索和绳股应紧密胶合，无松散、分股的现象；绳索各股及各股中丝线无叠痕、凸起、压伤、背股、抽筋等缺陷，无错乱、交叉的丝、线、股；绳索各股中绳纱及无捻连接的单丝数应相同；绳索应由绳股以“Z”向捻合成，绳股本身为“S”捻向；股绳和股线的捻距应均匀；绳扣接头应从绳索套扣下端开始，且每绳股应连续镶嵌5 道。镶嵌成的接头应紧密匀称，末端应用丝线牢固绑扎；环形绳与边绳的连接应牢固、平服。

（3）横蹬要求：用作横蹬的环氧酚醛层压玻璃布管应平整、光滑、外表面涂有绝缘漆；横蹬应紧密牢固地固定在两边绳上，不得有横向滑移的现象。

（4）金属心形环要求：金属心形环表面光洁，无毛刺、疤痕、切纹等缺陷。边缘呈圆弧状，表面镀锌层良好，无目测可见的锈蚀；金属心形环镶嵌在绳索套扣内应紧密无松动。

（5）软梯头要求：软梯头的主要部件应表面光滑，无尖边、毛刺、缺口、裂纹、锈蚀等缺陷；各部件连接应紧密牢固，整体性好；软梯头滚轮与轴应润滑、可靠。

6.2.18.2 使用要求

（1）在导、地线上悬挂绝缘软梯进行等电位作业前，应检查本档两端杆塔处导、地线的紧固情况，经检查无误后方可攀登。

（2）在导线或地线上悬挂绝缘软梯时，应验算导线、地线以及交叉跨越物之间的安全距离是否满足要求。

（3）作业中，应保证带电导线及人体对被跨越的电力线路、通信线路和其他建筑物的安全距离。

（4）其他同普通软梯使用要求。

6.2.19　带电作业用绝缘滑车

6.2.19.1　检查要求

（1）带电作业用绝缘滑车的商标、型号、制造日期、制造厂名、出厂编号及带电作业用（双三角）符号等标识清晰完整。

（2）轴、吊钩（环）、梁、侧板等不得有裂纹和显著的变形，带电作业用绝缘滑车的绝缘部分应光滑，无气泡、皱纹、开裂等现象。

（3）滑轮槽底光滑，在中轴上转动灵活，无卡阻和碰擦轮缘现象。槽底所附材料完整，与轮毂黏结牢固。

（4）吊钩及吊环在吊梁上应转动灵活，应采用开槽螺母，侧面螺栓高出螺母部分不大于 2mm。

（5）侧板开口在 90°范围内应无卡阻现象，保险扣完整、有效。

6.2.19.2　使用要求

（1）使用前，应将带电作业用绝缘滑车的绝缘部分擦拭干净。

（2）带电作业用绝缘滑车不准拴在不牢固的结构物上。线路作业中使用带电作业用绝缘滑车应有防止脱钩的保险装置，否则必须采取封口措施，使用带电作业用绝缘滑车开门时，应将开门勾环扣紧，防止绳索自动跑出。

6.2.20　带电作业用提线工具

6.2.20.1　检查要求

（1）带电作业用提线工具制造厂、商标、型号、出厂编号、额定负荷、出厂日期、电压等级及带电作业用（双三角）符号等标识清晰完整。

（2）各组成部分表面均匀光滑，无尖棱、毛刺、裂纹等缺陷。金属件完整，无裂纹、变形和严重锈蚀；螺纹螺杆不应有明显磨损。绝缘板（棒、管）材无气孔、开裂、缺损，绝缘绳索无断股、霉变、脆性断裂等缺陷。与导线接触面的部位应镶有橡胶材质的衬垫。

（3）各部件组装应配合紧密可靠，调节螺杆、换向装置转动灵活，连接销轴牢固，保险可靠。

6.2.20.2 使用要求

带电作业用提线工具应根据使用电压等级、载荷条件来选择。

6.2.21 辅助型绝缘手套

6.2.21.1 检查要求

（1）辅助型绝缘手套的电压等级、制造厂名、制造年月等标识清晰完整。

（2）辅助型绝缘手套应质地柔软良好，内外表面均应平滑、完好无损，无划痕、裂缝、折缝和孔洞。

（3）用卷曲法或充气法检查辅助型绝缘手套有无漏气现象。

6.2.21.2 使用要求

（1）辅助型绝缘手套应根据使用电压的高低、不同防护条件来选择。

（2）作业时，应将上衣袖口套入辅助型绝缘手套筒口内。

（3）进行设备验电、倒闸操作、装拆接地线等工作时应戴辅助型绝缘手套。

6.2.22 辅助型绝缘靴（鞋）

6.2.22.1 检查要求

（1）辅助型绝缘靴（鞋）的鞋帮或鞋底上的鞋号、生产年月、标准号、电绝缘字样（或英文 EH)、闪电标记、耐电压数值、制造商名称、产品名称、电绝缘性能出厂检验合格印章等标识清晰完整。

（2）辅助型绝缘靴（鞋）应无破损，宜采用平跟，鞋底应有防滑花纹，鞋底（跟）磨损不超过 1/2。鞋底不应出现防滑齿磨平、外底磨露出绝缘层等现象。

6.2.22.2 使用要求

（1）辅助型绝缘靴（鞋）应根据使用电压的高低、不同防护条件来选择。

（2）穿用辅助型绝缘靴（鞋）时，其工作环境应能保持鞋面干燥。在各类高压电气设备上工作时，使用辅助型绝缘靴（鞋)，可配合基本安全用具（如绝缘棒、绝缘夹钳）触及带电部分，并要防护跨步电压所引起的电击伤害。在潮湿、有蒸汽、冷凝液体、导电灰尘或易发生危险的场所，尤其应注意配备合适的辅助型绝缘靴（鞋)，应按标准规定的使用范围正确使用。

（3）使用辅助型绝缘靴时，应将裤管套入靴筒内。

（4）穿用辅助型绝缘靴（鞋）应避免接触锐器、高温、腐蚀性和酸碱油类物质，防止鞋受到损伤而影响电绝缘性能。防穿刺型、耐油型及防砸型绝缘鞋除外。

6.2.23　辅助型绝缘胶垫

6.2.23.1　检查要求

（1）辅助型绝缘胶垫的等级和制造厂名等标识清晰完整。

（2）上下表面应不存在有害的不规则性。有害的不规则性是指下列特征之一，即破坏均匀性、损坏表面光滑轮廓的缺陷，如小孔、裂缝、局部隆起、切口、夹杂导电异物、折缝、空隙、凹凸波纹及铸造标志等。

6.2.23.2　使用要求

（1）辅助型绝缘胶垫应根据使用电压的高低等条件来选择。

（2）操作时，辅助型绝缘胶垫应避免不必要地暴露在高温、阳光下，也要尽量避免和机油、油脂、变压器油、工业乙醇以及强酸接触，应避免尖锐物体刺、划。

6.3　登高工器具

6.3.1　脚扣

6.3.1.1　检查要求

（1）标识清晰完整，金属母材及焊缝无任何裂纹和目测可见的变形，表面光洁，边缘呈圆弧形。

（2）围杆钩在扣体内滑动灵活、可靠、无卡阻现象；保险装置可靠，防止围杆钩在扣体内脱落。

（3）小爪连接牢固，活动灵活。

（4）橡胶防滑块与小爪钢板、围杆钩连接牢固，覆盖完整，无破损。

（5）脚带完好，止脱扣良好，无霉变、裂缝或严重变形。

6.3.1.2　使用要求

（1）登杆前，应在杆根处进行一次冲击试验，无异常方可继续使用。

（2）应将脚扣脚带系牢，登杆过程中应根据杆径粗细随时调整脚扣尺寸。

（3）特殊天气使用脚扣时，应采取防滑措施。

（4）严禁从高处往下扔摔脚扣。

6.3.2 升降板（登高板）

6.3.2.1 检查要求

（1）标识清晰完整，钩子不得有裂纹、变形和严重锈蚀，心形环完整、下部有插花，绳索无断股、霉变或严重磨损。

（2）踏板窄面上不应有节子，踏板宽面上节子的直径不应大于 6mm，干燥细裂纹长不应大于 150mm，深不应大于 10mm。踏板无严重磨损，有防滑花纹。

（3）绳扣接头每绳股连续插花应不少于 4 道，绳扣与踏板间应套接紧密。

6.3.2.2 使用要求

（1）登杆前在杆根处对升降板（登高板）进行冲击试验，判断升降板（登高板）是否有变形和损伤。

（2）升降板（登高板）的挂钩沟口应朝上，严禁反向。

6.3.3 梯子

6.3.3.1 检查要求

（1）型号或名称及额定载荷、梯子长度、最高站立平面高度、制造者或销售者名称（或标识）、制造年月、执行标准及基本危险警示标志（复合材料梯的电压等级）应清晰明显。

（2）踏棍（板）与梯梁连接牢固，整梯无松散，各部件无变形，梯脚防滑良好，梯子竖立后平稳，无目测可见的侧向倾斜。

（3）升降梯升降灵活，锁紧装置可靠。铝合金折梯铰链牢固，开闭灵活，无松动。

（4）折梯限制开度装置完整牢固。延伸式梯子操作用绳无断股、打结等现象，升降灵活，锁位准确可靠。

（5）竹木梯无虫蛀、腐蚀等现象。木梯梯梁的窄面不应有节子，宽面上允许有实心的或不透的、直径小于 13mm 的节子，节子外缘距梯梁边缘应大于

13mm，两相邻节子外缘距离不应小于 0.9m。踏板窄面上不应有节子，踏板宽面上节子的直径不应大于 6mm，踏棍上不应有直径大于 3mm 的节子。干燥细裂纹长不应大于 150mm，深不应大于 10mm。梯梁和踏棍（板）连接的受剪切面及其附近不应有裂缝，其他部位的裂缝长不应大于 50mm。

6.3.3.2　使用要求

（1）梯子应能承受作业人员及所携带的工具、材料攀登时的总质量。

（2）梯子不得接长或垫高使用。如需接长时，应用铁卡子或绳索切实卡住或绑牢并加设支撑。

（3）梯子应放置稳固，梯脚要有防滑装置。使用前，应先进行试登，确认可靠后方可使用。有人员在梯子上工作时，梯子应有人扶持和监护。

（4）梯子与地面的夹角应为 60°左右，工作人员必须在距梯顶 1m 以下的梯蹬上工作。

（5）人字梯应具有坚固的铰链和限制开度的拉链。

（6）靠在管子上、导线上使用梯子时，其上端需用挂钩挂住或用绳索绑牢。

（7）在通道上使用梯子时，应设监护人或设置临时围栏。梯子不准放在门前使用，必要时采取防止门突然开启的措施。

（8）严禁人在梯子上时移动梯子，严禁上下抛递工具、材料。

（9）在变电站高压设备区或高压室内应使用绝缘材料的梯子，禁止使用金属梯子。搬动梯时，应放倒两人搬运，并与带电部分保持安全距离。

6.3.4　软梯

6.3.4.1　检查要求

（1）标志清晰，每股绝缘绳索及每股线均应紧密绞合，不得有松散、分股的现象。

（2）绳索各股及各股中丝线均不应有叠痕、凸起、压伤、背股、抽筋等缺陷，不得有错乱、交叉的丝、线、股。

（3）接头应单根丝线连接，不允许有股接头。单丝接头应封闭于绳股内部，不得露在外面。

（4）股绳和股线的捻距及纬线在其全长上应均匀。

（5）经防潮处理后的绝缘绳索表面应无油渍、污迹、脱皮等。

6.3.4.2 使用要求

（1）使用软梯进行移动作业时，软梯上只准一人工作。工作人员到达梯头上进行工作和梯头开始移动前，应将梯头的封口可靠封闭，否则应使用保护绳防止梯头脱钩

（2）在连续档距的导、地线上挂软梯时，其导、地线的截面：钢芯铝绞线和铝合金绞线不得小于 120mm^2；钢绞线不得小于 50mm^2（等同 OPGW 光缆和配套的 LGJ-70/40 型导线）。

（3）在瓷横担线路上禁止挂梯作业，在转动横担的线路上挂梯前应将横担固定。

6.3.5 快装脚手架

6.3.5.1 检查要求

（1）复合材料构件表面应光滑，绝缘部分应无气泡、皱纹、裂纹、绝缘层脱落、明显的机械或电灼伤痕，纤维布（毡、丝）与树脂间黏接完好，不得开胶。

（2）供操作人员站立、攀登的所有作业面应具有防滑功能。

（3）外支撑杆应能调节长度，并有效锁止，支撑脚底部应有防滑功能。

（4）底脚应能调节高低且有效锁止，轮脚均应具有刹车功能，刹车后，脚轮中心应与立杆同轴。

6.3.5.2 使用要求

（1）在使用前，全面检查已搭建好的脚手架，保证遵循所有的装配须知，保证脚手架的零件没有任何损坏。

（2）当脚手架已经调平且所有脚轮和调节腿已经固定，爬梯、平台板、开口板已钩好，才能爬上脚手架。

（3）当平台上有人和物品时，不要移动或调整脚手架。

（4）可从脚手架的内部爬梯进入平台，或从搭建梯子的梯阶爬入，还可以通过框架的过道进入，或通过平台的开口进入工作平台。

（5）如果在基座部分增加了垂直的延伸装置，必须在脚手架上使用外支撑或加宽工具进行固定。

（6）当平台高度超过 1.20m 时，必须使用安全护栏。

（7）严禁在脚手架上面使用产生较强冲击力的工具，严禁在大风中使用，严禁超负荷使用，严禁在软地面上使用。

（8）所有操作人员在搭建、拆卸和使用脚手架时，须戴安全帽，系好安全带。

6.3.6 检修平台

6.3.6.1 检查要求

（1）拆卸型检修平台。

1）检修平台的复合材料构件表面应光滑，绝缘部分应无气泡、皱纹、裂纹、绝缘层脱落、明显的机械或电灼伤痕，玻璃纤维布（毡、丝）与树脂间黏接完好，不得开胶。

2）检修平台的金属材料零件表面应光滑、平整，棱边应倒圆弧、不应有尖锐棱角，应进行防腐处理（铝合金宜采用表面阳极氧化处理；黑色金属宜采用镀锌处理；可旋转部位的材料宜采用不锈钢）。

3）检修平台供操作人员站立、攀登的所有作业面应具有防滑功能。

4）梯台型检修平台作业面上方不低于 1m 的位置应配置安全带或防坠器的悬挂装置，平台上方 1050～1200mm 处应设置防护栏。

（2）升降型检修平台。

1）复合材料构件及作业面要求同拆卸型检修平台。

2）起升降作用的牵引绳索（宜采用非导电材料）应无灼伤、脆性断裂、断股、霉变和扭结。

3）升降锁止机构应开启灵活、定位准确、锁止牢固且不损伤横挡。

4）应装有机械式强制限位器，保证升降框架与主框架之间有足够的安全搭接量。

6.3.6.2 使用要求

（1）按使用说明书的要求进行操作。

（2）应安装牢固。

本章小结

安全工器具管理是否到位，使用是否符合规程是保障工作安全、顺利完成的关键。通过学习安全工器具知识，提高了一线班组对安全工器具的管理水平和使用技巧，掌握了安全工器具的正确使用方法及验收与检验、保管与存放、试验周期等规范要求，同时促进了现场施工作业人员安全意识的提升。

附录A 典型违章行为

类别	序号	违章行为
Ⅰ类违章	1	无计划工作
	2	无故拖延、阻挠等不配合安全检查
	3	不按规定使用操作票操作或不按规定使用工作票进行作业
	4	签发、许可、使用错误的工作票和操作票
	5	未进行验电就装设接地线（合接地开关），接地线少挂或装设地点错误
	6	高处作业不系安全带或失去安全带（绳）的保护
	7	调度命令错误或误传调度命令
	8	约时停、送电
	9	擅自解除电气防误闭锁装置
	10	误将带电设备围入作业区域，或未将作业区域与带电设备有效隔离
	11	擅自扩大工作范围或擅自增加工作内容
	12	工作负责人长时间离开现场，未办理相关手续
	13	工作负责人未经工作许可人许可、工作票上所列安全措施未实施或未全部实施即允许工作人员开始工作或工作人员擅自开始工作
	14	使用以小代大的承载工器具，过载使用起重设备
	15	采取突然剪断导地线、拉线等方法撤杆撤线
	16	组立杆塔、撤杆、撤线或紧线前未按规定采取防倒杆塔措施
	17	在交叉跨越的线路上工作，漏停安全距离不足的邻近、交叉带电线路
	18	将工程违规分包，或发包给不具备资质的队伍施工
	19	已办理工作终结手续，但工作班成员未完全撤离工作现场或仍在现场工作
	20	同杆架设的10kV及以下线路带电情况下，进行另一回线路的登杆停电检修工作
	21	杆上有人工作，调整或拆除拉线
	22	在带电设备附近进行吊装作业，安全距离不够且未采取有效措施
	23	未履行有关手续即对有压力、带电、充油的容器及管道施焊
	24	未得到调度许可，擅自改变设备的运行状态
	25	巡视或检修作业，工作人员或机具与带电体不能保持规定的安全距离
	26	客户受电工程接电条件审核完成前安排接电
	27	高低压线路对地、对建筑物、对临近或交跨各类线路等安全距离不够

续表

类别	序号	违章行为
I类违章	28	高压配电装置带电部分对地距离不能满足规程规定且未采取措施
	29	对排查出的安全隐患未制定整改计划或未落实防范措施
	30	不落实电网运行方式安排和调度计划
	31	酒后作业、驾车或工作期间饮酒
	32	经安监部门认定的其他违章行为
II类违章	1	现场工作负责人（小组负责人）未使用省公司安全管控 App
	2	未经许可擅自变更作业现场安全措施
	3	工作票票种使用错误
	4	不按规定使用二次工作安全措施票
	5	使用不合格的（含未经试验、超期检验）的安全工器具或起重工器具
	6	开工前，工作负责人、专责监护人未向工作班成员交代工作内容、人员分工、带电部位和现场安全措施，未进行危险点告知，工作班成员未全部参加开工
	7	需设监护的作业现场失去监护
	8	非工作班成员参与现场工作
	9	违章指挥或干预值班调度、运行人员操作
	10	大型复杂作业未制订作业方案或方案未经审批
	11	在带电设备区域使用金属梯具和金属卷尺
	12	动火工作未按规定使用动火工作票
	13	登杆前不核对线路名称、杆号、色标
	14	高压试验时未停止其他相关工作，无关人员未撤离作业现场，加压过程中无人监护，未设置必要的安全围栏
	15	在易燃物品附近进行焊接，无专职监护人，未采取防火等安全措施
	16	不按调度命令执行现场操作；操作票未经审核即开始操作，不核对设备名称，不检查设备状态，操作漏项、跳项、不逐项打勾
	17	倒闸操作失去监护（单人操作除外）
	18	带电作业未设置专责监护人，不具备带电作业资格人员人事带电作业
	19	邻近高压带电设备作业失去监护
	20	电缆锯割作业前，未完成用带绝缘柄的铁钎钉入电缆芯的措施
	21	值班员、调度员擅自离岗、脱岗，综合自动化监控系统工况退出、主要或重要设备单元报警、微机死机等当值未发现
	22	对外发包的工程，未签订工程承包合同、 安全协议就同意开工
	23	设备变更后相应的规程、制度、资料未按规定及时更新
	24	大型施工或危险性较大作业，管理人员未按要求到岗到位

续表

类别	序号	违章行为
Ⅱ类违章	25	非计划的停电检修工作，未履行批准手续，未开展安全风险识别与预控
	26	未按规定配置现场安全防护装置、安全工器具和个人防护用品
	27	高处作业时，安全带（绳）低挂高用
	28	无派车单出车、将本单位车辆交给无驾驶证和无准驾证的人员驾驶
	29	发生事故或异常后不按规定流程汇报或汇报不及时
	30	事故抢修未履行工作许可手续或未做好安全措施即进行事故抢修工作
	31	未办完工作票终结手续即汇报送电
	32	将工作票许可给没有工作负责人资格的人员
	33	擅自拆除孔洞盖板、栏杆、隔离层或因工作需要拆除附属设施时不设明显标志并及时恢复
	34	特种作业人员不持证上岗或非特种作业人员进行特种作业
	35	未按要求进行现场勘察或勘察不认真、无勘察记录
	36	配置布控球的单位，作业现场应使用而未使用
	37	现场作业人员无上岗证或冒用他人上岗证
	38	接地线装设在导线绝缘层上
	39	经安监部门认定的其他违章行为
Ⅲ类违章	1	现场未按要求设置围栏；作业人员擅自穿、跨越安全围栏或超越安全警戒线
	2	现场倒闸操作不戴绝缘手套，雷雨天气巡视或操作室外高压设备不穿绝缘靴
	3	防误闭锁装置钥匙未按规定使用
	4	漏挂（拆）、错挂（拆）标示牌
	5	工作票、操作票相关栏目填写不全，随意涂改，不按规定签名
	6	现场安全措施变更未履行相关手续
	7	在安全围遮栏外或在工作票规定的工作区域外进行工作
	8	工作负责人、工作许可人不按规定办理工作许可和终结手续
	9	开、收工会未录音
	10	进入工作现场，未正确着装，未正确佩戴安全帽
	11	工作负责人、专责监护人未穿红（黄）马夹
	12	外协作业人员未戴近电报警器（近电报警表）或近电报警器使用不规范
	13	工作完毕后，未清点人数和工具，未检查确无人员和物件遗留
	14	不使用或未正确使用劳动保护和安全防护用品

续表

类别	序号	违章行为
Ⅲ类违章	15	在开关机构上进行检修、解体等工作，未拉开相关动力电源
	16	继电保护进行开关传动试验未通知运行人员、现场检修人员
	17	在继保屏上作业时，运行设备与检修设备无明显标志隔开，或在保护盘上或附近进行振动较大的工作时，未采取防掉闸的安全措施
	18	跨越运转中的绞磨、卷扬机等牵引用的钢丝绳
	19	机械牵引导线未使用放线架
	20	吊车起吊前未鸣笛示警或起重工作无专人指挥
	21	在起吊或牵引过程中，受力钢丝绳周围、上下方、内角侧和起吊物下面，有人逗留和通过。吊运重物时从人头顶通过或吊臂下站人
	22	龙门式起重机、塔吊拆卸（安装）过程中未严格按照规定程序执行
	23	高处作业不按规定搭设或使用脚手架
	24	凭借栏杆、脚手架、瓷件等起吊物件
	25	梯子上有人作业，无人扶持和监护的
	26	高处作业人员随手上下抛掷器具、材料
	27	登杆前不检查基础、杆根、爬梯和拉线是否正常
	28	易燃、易爆物品或各种气瓶不按规定储运、存放、使用
	29	水上作业不佩戴救生措施
	30	金属封闭式开关设备未按照国家、行业标准设计制造压力释放通道
	31	备用间隔未纳入调度管辖范围
	32	电力设备拆除后，仍留有带电部分未处理
	33	变电站无安全防护措施
	34	易燃易爆区、重点防火区内的防火设施不全或不符合规定要求
	35	设备一次安装接线与技术协议和设计图纸不一致
	36	电气设备无安全警示标志或未根据有关规程设置固定（围）栏
	37	现场运用中电气设备无双重名称
	38	线路杆塔无线路名称和杆号，或名称和杆号不唯一、不正确、不清晰
	39	线路接地电阻不合格或架空地线未对地导通
	40	平行或同杆架设多回路线路无色标
	41	在绝缘配电线路上未按规定设置验电接地环
	42	防误闭锁装置不全或不具备“五防”功能
	43	机械设备转动部分无防护罩
	44	电气设备外壳无接地，电源线绝缘破损、电器的插头连接不符合要求
	45	临时电源无剩余电流动作保护器

续表

类别	序号	违章行为
Ⅲ类违章	46	起重机械，如绞磨、汽车吊、卷扬机等无制动和逆止装置，或制动装置失灵、不灵敏
	47	电缆工作井或其他工作井、杆坑洞内工作时未采取必要的防护措施，无专人在井口监护
	48	新入厂的生产人员，未组织三级安全教育或员工未按规定组织《安规》考试
	49	不组织、不参加安全活动，安全活动记录不全
	50	领导干部和管理人员对违章行为不制止、不考核
	51	设计、采购、施工、验收未执行有关规定，造成设备装置性缺陷
	52	工作负责人未履行审批手续，擅自取消工作计划
	53	工作负责人上传工作地点位置信息偏差较大
	54	责任单位未按规定期限办理安全生产监督通知书
	55	省公司安全管控App内未按要求上传关键环节或上传信息不规范
	56	现场作业人员未带上岗证或上岗证信息未及时更新
	57	召开开工会时，工作负责人未向工作班成员宣读生产现场作业“十不干”条文
	58	经安监部门认定的其他违章行为

附录B　安全工器具试验项目、周期和要求

表B1　　个体防护装备试验项目、周期和要求

<table>
<tr><th>序号</th><th>名称</th><th>项目</th><th>周期</th><th colspan="3">要求</th><th>说明</th></tr>
<tr><td rowspan="2">1</td><td rowspan="2">安全帽</td><td>冲击性能试验</td><td>按规定期限</td><td colspan="3">冲击力≤4900N，帽壳不得有碎片脱落</td><td rowspan="2">依据《国家电网有限公司电力建设安全工作规程》（Q/GDW 11957—2020），使用期限：从制造之日起，塑料帽≤2.5年，玻璃钢帽≤3.5年</td></tr>
<tr><td>耐穿刺性能试验</td><td>按规定期限</td><td colspan="3">钢锥不得接触头模表面，帽壳不得有碎片脱落</td></tr>
<tr><td>2</td><td>防护眼镜</td><td>佩戴检查</td><td>每次使用前</td><td colspan="3">不得有肉眼可见的开裂、变形，佩戴后不应有压迫鼻梁刮擦面部及耳朵的现象</td><td>—</td></tr>
<tr><td>3</td><td>自吸过滤式防毒面具</td><td>佩戴检查</td><td>每次使用前</td><td colspan="3">以目测检查面具的完整性、气密性和滤罐有效期。面罩密合框应与佩戴者颜面密合，无明显压痛感</td><td>—</td></tr>
<tr><td>4</td><td>正压式消防空气呼吸器</td><td>复合气瓶检验</td><td>3年</td><td colspan="3">水压试验：满水8h后，保持试验压力的100%～103%不少于60s，变形率不超过5%。
气密性试验：充入试验压力气体，不少于1min，无气泡出现</td><td>依据《呼吸器用复合气瓶定期检验和评定》（GB 24161—2009）</td></tr>
<tr><td rowspan="4">5</td><td rowspan="4">安全带</td><td rowspan="4">整体静负荷试验</td><td rowspan="4">1年</td><td>分类</td><td>试验力值（N）</td><td>试验时间（min）</td><td rowspan="4">依据《安全带》（GB 6095—2009）和电力行业标准《电力安全工器具预防性试验规程》（DL/T 1476—2015）</td></tr>
<tr><td>围杆作业安全带</td><td>2205</td><td>5</td></tr>
<tr><td>区域限制安全带</td><td>1200</td><td>5</td></tr>
<tr><td>坠落悬挂安全带</td><td>3300</td><td>5</td></tr>
<tr><td>6</td><td>安全绳</td><td>静负荷试验</td><td>1年</td><td colspan="3">施加2205N静拉力，持续时间5min</td><td rowspan="2">依据《国家电网有限公司电力建设安全工作规程》（Q/GDW 11957—2020）</td></tr>
<tr><td>7</td><td>连接器</td><td>静负荷试验</td><td>1年</td><td colspan="3">施加2205N静拉力，持续时间5min</td></tr>
<tr><td>8</td><td>速差自控器</td><td>空载动作试验</td><td>1年</td><td colspan="3">将速差自控器钢丝绳（或合成纤维带）在其全行程中任选5处，进行拉出，制动。拉出的钢丝绳（或合成纤维带）卸载或锁止卸载后，即能自动回缩，不应有卡绳（或卡带）现象</td><td>依据《电力高处作业防坠器》（DL/T 1147—2018）</td></tr>
</table>

续表

序号	名称	项目	周期	要求	说明
9	导轨自锁器	静负荷试验	1年	施加2205N静拉力，持续时间5min	依据《国家电网有限公司电力建设安全工作规程》（Q/GDW 11957—2020）
10	缓冲器	静负荷试验	1年	施加2205N静拉力，持续时间5min	
11	安全网	检查	每次使用前	网体、边绳、系绳、筋绳无灼伤、断纱、破洞、变形及有碍使用的编织缺陷。平网和立网的网目边长不大于0.08m，系绳与网体连接牢固，沿网边均匀分布，相邻两系绳间距不大于0.75m，系绳长度不小于0.8m；平网相邻两筋绳间距不大于0.3m	依据《安全网》（GB 5725—2009）
12	静电防护服	屏蔽效率试验	半年	屏蔽效率≥26dB	依据《带电作业工具、装置和设备预防性试验规程》（DL/T 976—2017）
13	防电弧服	检查	每次使用前	标识清晰完整，外观无破损	—
14	耐酸服	检查	每次使用前	标识清晰完整，外观无破损	—
15	SF_6防护服	检查	每次使用前	以目测检查防护服的完整性和气密性，标识清晰完整，外观无破损	—
16	耐酸手套	检查	每次使用前	标识清晰，外观无破损	—
17	耐酸靴	检查	每次使用前	标识清晰完整，外观无破损	—
18	导电鞋（防静电鞋）	直流电阻试验	穿用不超过200h	电阻值小于100kΩ	依据《国家电网有限公司电力建设安全工作规程》（Q/GDW 11957—2020）
19	个人保安线	成组直流电阻试验	不超过5年	在各接线鼻之间测量直流电阻，对于16、25mm^2的各种截面，平均每米的电阻值应分别不大于1.24、0.79mΩ	
20	SF_6气体检漏仪	检查	每次使用前	标识清晰完整，外观无破损，自检功能正常	—
21	含氧量测试仪及有害气体检测仪	检查	每次使用前	标识清晰完整，外观无破损，自检功能正常	—

表 B2　　绝缘安全工器具预防性试验项目、周期和要求

<table>
<tr><th>序号</th><th>名称</th><th>项目</th><th>周期</th><th colspan="4">要求</th><th>说明</th></tr>
<tr><td rowspan="9">1</td><td rowspan="9">电容型验电器</td><td>起动电压</td><td>1 年</td><td colspan="4">起动电压不高于额定电压的 40%，不低于额定电压的 15%</td><td>依据《国家电网有限公司电力建设安全工作规程》（Q/GDW 11957—2020）</td></tr>
<tr><td rowspan="8">工频耐压试验</td><td rowspan="8">1 年</td><td rowspan="2">额定电压（kV）</td><td rowspan="2">试验长度（m）</td><td colspan="2">工频电压（kV）</td><td rowspan="8">依据《国家电网有限公司电力建设安全工作规程》（Q/GDW 11957—2020）《带电作业工具、装置和设备预防性试验规程》（DL/T 976—2017）</td></tr>
<tr><td>1min</td><td>5min</td></tr>
<tr><td>10</td><td>0.4</td><td>45</td><td>—</td></tr>
<tr><td>20</td><td>0.5</td><td>70</td><td>—</td></tr>
<tr><td>35</td><td>0.6</td><td>95</td><td>—</td></tr>
<tr><td>110</td><td>1.0</td><td>220</td><td>—</td></tr>
<tr><td>220</td><td>1.8</td><td>440</td><td>—</td></tr>
<tr><td>500</td><td>3.7</td><td>—</td><td>580</td></tr>
<tr><td rowspan="15">2</td><td rowspan="15">携带型短路接地线</td><td>成组直流电阻试验</td><td>不超过 5 年</td><td colspan="4">在各接线鼻之间测量直流电阻，对于 25、35、50、70、95、120mm² 的各种截面，平均每米的电阻值应分别不大于 0.79、0.5、0.40、0.28、0.21、0.16mΩ</td><td>依据国家电网《国家电网有限公司电力安全工作规程》（DL/T 976—2017）</td></tr>
<tr><td rowspan="14">绝缘杆工频耐压试验</td><td rowspan="14">5 年</td><td rowspan="2">额定电压（kV）</td><td rowspan="2">试验长度（m）</td><td colspan="2">工频电压（kV）</td><td rowspan="14">依据《国家电网有限公司电力建设安全工作规程》（Q/GDW 11957—2020）《带电作业工具、装置和设备预防性试验规程》（DL/T 976—2017）</td></tr>
<tr><td>1min</td><td>5min</td></tr>
<tr><td>10</td><td>0.4</td><td>45</td><td>—</td></tr>
<tr><td>20</td><td>0.5</td><td>70</td><td>—</td></tr>
<tr><td>35</td><td>0.6</td><td>95</td><td>—</td></tr>
<tr><td>66</td><td>0.7</td><td>175</td><td>—</td></tr>
<tr><td>110</td><td>1.0</td><td>220</td><td>—</td></tr>
<tr><td>220</td><td>1.8</td><td>440</td><td>—</td></tr>
<tr><td>330</td><td>2.8</td><td>—</td><td>380</td></tr>
<tr><td>500</td><td>3.7</td><td>—</td><td>580</td></tr>
<tr><td>750</td><td>4.7</td><td>—</td><td>780</td></tr>
<tr><td>1000</td><td>6.3</td><td>—</td><td>1150</td></tr>
<tr><td>±500</td><td>3.2</td><td>—</td><td>565*</td></tr>
<tr><td>±800</td><td>6.6</td><td>—</td><td>895*</td></tr>
</table>

续表

<table>
<tr><th>序号</th><th>名称</th><th>项目</th><th>周期</th><th>要求</th><th>说明</th></tr>
<tr><td rowspan="2">3</td><td rowspan="2">绝缘杆</td><td>工频耐压试验</td><td>1年</td><td>
<table>
<tr><th rowspan="2">额定电压（kV）</th><th rowspan="2">试验长度（m）</th><th colspan="3">工频电压（kV）</th></tr>
<tr><th>1min</th><th>3min</th><th>5min</th></tr>
<tr><td>10</td><td>0.4</td><td>45</td><td>—</td><td>—</td></tr>
<tr><td>20</td><td>0.5</td><td>70</td><td>—</td><td>—</td></tr>
<tr><td>35</td><td>0.6</td><td>95</td><td>—</td><td>—</td></tr>
<tr><td>66</td><td>0.7</td><td>175</td><td>—</td><td>—</td></tr>
<tr><td>110</td><td>1.0</td><td>220</td><td>—</td><td>—</td></tr>
<tr><td>220</td><td>1.8</td><td>440</td><td>—</td><td>—</td></tr>
<tr><td rowspan="2">330</td><td>2.8</td><td>—</td><td>380</td><td>—</td></tr>
<tr><td>3.2</td><td></td><td>—</td><td>380</td></tr>
<tr><td rowspan="2">500</td><td>3.7</td><td>—</td><td>580</td><td>—</td></tr>
<tr><td>4.1</td><td></td><td>—</td><td>580</td></tr>
<tr><td>750</td><td>4.7</td><td>—</td><td>780</td><td>—</td></tr>
<tr><td>1000</td><td>6.3</td><td>—</td><td>1150</td><td>—</td></tr>
<tr><td>±500</td><td>3.2</td><td>—</td><td>680*</td><td>—</td></tr>
<tr><td>±800</td><td>6.6</td><td>—</td><td>895*</td><td>—</td></tr>
</table>
</td><td>依据《国家电网有限公司电力建设安全工作规程》(Q/GDW 11957—2020)、DL/T 976—2017《带电作业工具、装置和设备预防性试验规程》</td></tr>
<tr><td>静抗弯负荷（N）</td><td>2年</td><td>
<table>
<tr><th>标称外径28mm及以下</th><th>标称外径28mm以上</th><th>试验时间（min）</th></tr>
<tr><td>108</td><td>132</td><td>1</td></tr>
</table>
</td><td>依据《带电作业工具、装置和设备预防性试验规程》（DL/T 976—2017）</td></tr>
<tr><td rowspan="4">4</td><td rowspan="4">核相器</td><td>连接导线绝缘强度试验</td><td>必要时</td><td>
<table>
<tr><th>额定电压（kV）</th><th>工频耐压（kV）</th><th>持续时间（min）</th></tr>
<tr><td>10</td><td>8</td><td>5</td></tr>
<tr><td>35</td><td>28</td><td>5</td></tr>
</table>
</td><td rowspan="4">依据《国家电网有限公司电力建设安全工作规程》（Q/GDW 11957—2020）</td></tr>
<tr><td>绝缘部分工频耐压试验</td><td>1年</td><td>
<table>
<tr><th>额定电压（kV）</th><th>试验长度（m）</th><th>工频耐压（kV）</th><th>持续时间（min）</th></tr>
<tr><td>10</td><td>0.7</td><td>45</td><td>1</td></tr>
<tr><td>35</td><td>0.9</td><td>95</td><td>1</td></tr>
</table>
</td></tr>
<tr><td>电阻管泄漏电流试验</td><td>半年</td><td>
<table>
<tr><th>额定电压（kV）</th><th>工频耐压（kV）</th><th>持续时间（min）</th><th>泄漏电流（mA）</th></tr>
<tr><td>10</td><td>10</td><td>1</td><td>≤2</td></tr>
<tr><td>35</td><td>35</td><td>1</td><td>≤2</td></tr>
</table>
</td></tr>
<tr><td>动作电压试验</td><td>1年</td><td>最低动作电压应达0.25倍额定电压</td></tr>
</table>

续表

序号	名称	项目	周期	要求				说明
5	绝缘遮蔽罩	工频耐压试验	半年	额定电压（kV）	工频电压（kV）	持续时间（min）		依据《带电作业工具、装置和设备预防性试验规程》（DL/T 976—2017）
				0.4	5	1		
				3	10	1		
				10（6）	20	1		
				20	30	1		
				35	50	1		
6	绝缘隔板	表面工频耐压试验	1年	额定电压（kV）	工频耐压（kV）	持续时间（min）	电极间距（mm）	依据《国家电网有限公司电力建设安全工作规程》（Q/GDW 11957—2020）
				6～35	60	1	300	
		工频耐压试验		额定电压（kV）	工频耐压（kV）	持续时间（min）		
				6～10	30	1		
				20	50	1		
				35	80	1		
7	绝缘绳	工频干闪试验	半年	0.5m 施加 105kV				
8	绝缘夹钳	工频耐压试验	1年	额定电压（kV）	试验长度（m）	工频耐压（kV）	持续时间（min）	依据《国家电网有限公司电力建设安全工作规程》（Q/GDW 11957—2020）
				10	0.7	45	1	
				35	0.9	95	1	
9	带电作业用绝缘安全帽	工频耐压试验	半年	施加 20kV，持续 1min				依据《带电作业工具、装置和设备预防性试验规程》（DL/T 976—2017）
10	绝缘服装	工频耐压试验	半年	额定电压（kV）	工频耐压（kV）	持续时间（min）		
				0.4	5	1		
				3	10	1		
				10	20	1		
11	屏蔽服装	成衣电阻试验和整套服装的屏蔽效率试验	半年	成衣电阻试验		屏蔽效率试验（dB）		
				部位	电阻（Ω）			
				上衣	≤15	≥30		
				裤子	≤15			
				袜子	≤15			
				手套	≤15			
				鞋子	≤500			
				整套屏蔽服装	≤20			

续表

<table>
<tr><th>序号</th><th>名称</th><th>项目</th><th>周期</th><th colspan="6">要求</th><th>说明</th></tr>
<tr><td rowspan="8">12</td><td rowspan="8">带电作业用绝缘手套</td><td rowspan="8">工频耐压及泄漏电流试验</td><td rowspan="8">半年</td><td rowspan="3">额定电压（kV）</td><td rowspan="3">工频耐压（kV）</td><td colspan="4">泄漏电流（mA）</td><td rowspan="8">依据《带电作业用绝缘手套》（GB/T 17622—2008）</td></tr>
<tr><td colspan="4">手套长度（mm）</td></tr>
<tr><td>280</td><td>360</td><td>410</td><td>≥460</td></tr>
<tr><td>0.4</td><td>5</td><td>≤10</td><td>≤12</td><td>≤14</td><td>≤16</td></tr>
<tr><td>3</td><td>10</td><td>—</td><td>≤14</td><td>≤16</td><td>≤18</td></tr>
<tr><td>10</td><td>20</td><td>—</td><td>≤16</td><td>≤18</td><td>≤20</td></tr>
<tr><td>20</td><td>30</td><td>—</td><td>≤18</td><td>≤20</td><td>≤22</td></tr>
<tr><td>35</td><td>40</td><td>—</td><td>—</td><td>≤22</td><td>≤24</td></tr>
<tr><td rowspan="8">13</td><td rowspan="8">带电作业用绝缘靴（鞋）</td><td rowspan="8">工频耐压及泄漏电流试验</td><td rowspan="8">半年</td><td>分类</td><td>额定电压（kV）</td><td>工频耐压（kV）</td><td>持续时间（min）</td><td colspan="2">泄漏电流（mA）</td><td rowspan="8">依据《带电作业绝缘鞋（靴）通用技术条件》（DL/T 676—2012）</td></tr>
<tr><td rowspan="3">鞋</td><td>0.4</td><td>5</td><td>1</td><td colspan="2">≤1.5</td></tr>
<tr><td>3</td><td>10</td><td>1</td><td colspan="2">≤3</td></tr>
<tr><td>10（6）</td><td>20</td><td>1</td><td colspan="2">≤6</td></tr>
<tr><td rowspan="4">靴</td><td>3</td><td>10</td><td>1</td><td colspan="2">≤18</td></tr>
<tr><td>10（6）</td><td>20</td><td>1</td><td colspan="2">≤20</td></tr>
<tr><td>20</td><td>30</td><td>1</td><td colspan="2">≤22</td></tr>
<tr><td>35</td><td>40</td><td>1</td><td colspan="2">≤24</td></tr>
<tr><td rowspan="5">14</td><td rowspan="5">带电作业用绝缘垫（毯）</td><td rowspan="5">工频耐压试验</td><td rowspan="5">半年</td><td colspan="2">额定电压（kV）</td><td colspan="2">工频耐压（kV）</td><td colspan="2">持续时间（min）</td><td rowspan="5">依据《带电作业工具、装置和设备预防性试验规程》（DL/T 976—2017）</td></tr>
<tr><td colspan="2">0.4</td><td colspan="2">5</td><td colspan="2">1</td></tr>
<tr><td colspan="2">3</td><td colspan="2">10</td><td colspan="2">1</td></tr>
<tr><td colspan="2">10（6）</td><td colspan="2">20</td><td colspan="2">1</td></tr>
<tr><td colspan="2">20</td><td colspan="2">30</td><td colspan="2">1</td></tr>
<tr><td rowspan="10">15</td><td rowspan="10">带电作业用绝缘硬梯</td><td rowspan="10">工频耐压试验</td><td rowspan="10">1年</td><td rowspan="2">额定电压（kV）</td><td rowspan="2">试验长度（m）</td><td colspan="4">工频电压（kV）</td><td rowspan="10">依据《带电作业工具、装置和设备预防性试验规程》（DL/T 976—2017）；参照《国家电网有限公司电力建设安全工作规程》（Q/GDW 11957—2020）</td></tr>
<tr><td colspan="2">1min</td><td colspan="2">5min</td></tr>
<tr><td>10</td><td>0.4</td><td colspan="2">45</td><td colspan="2">—</td></tr>
<tr><td>20</td><td>0.5</td><td colspan="2">70</td><td colspan="2">—</td></tr>
<tr><td>35</td><td>0.6</td><td colspan="2">95</td><td colspan="2">—</td></tr>
<tr><td>66</td><td>0.7</td><td colspan="2">175</td><td colspan="2">—</td></tr>
<tr><td>110</td><td>1.0</td><td colspan="2">220</td><td colspan="2">—</td></tr>
<tr><td>220</td><td>1.8</td><td colspan="2">440</td><td colspan="2">—</td></tr>
<tr><td>330</td><td>2.8</td><td colspan="2">—</td><td colspan="2">380</td></tr>
<tr><td>500</td><td>3.7</td><td colspan="2">—</td><td colspan="2">580</td></tr>
</table>

续表

序号	名称	项目	周期	要求				说明
15	带电作业用绝缘硬梯	工频耐压试验	1年	750	4.7	—	780	依据《带电作业工具、装置和设备预防性试验规程》（DL/T 976—2017）；参照《国家电网有限公司电力建设安全工作规程》（Q/GDW 11957—2020）
				1000	6.3	—	1150	
				±500	3.2	—	680*	
				±800	6.6	—	895*	
		静负荷试验	2年	施加压力1000N，保持5min				依据《带电作业用绝缘硬梯》（GB/T 17620—2008）
16	绝缘托瓶架	工频耐压试验	1年	额定电压（kV）	试验长度（m）	工频电压（kV）		依据《带电作业工具、装置和设备预防性试验规程》（DL/T 976—2017）；参照《国家电网有限公司电力安全建设工作规程》（Q/GDW 11957—2020）
						1min	5min	
				110	1.0	220	—	
				220	1.8	440	—	
				330	2.8	—	380	
				500	3.7	—	580	
				750	4.7	—	780	
				1000	6.3	—	1150	
				±500	3.2	—	680*	
				±800	6.6	—	895*	
		静抗弯负荷	2年	额定电压（kV）	试验长度（m）	静抗弯负荷（kN）	持续时间（min）	依据《带电作业工具、装置和设备预防性试验规程》（DL/T 976—2017）
				110	1.17	0.72	1	
				220	2.05	1.44	1	
				330	2.95	2.16	1	
				500	4.70	3.60	1	
				750	5.90	4.08	1	
				±500	5.20	3.84	1	
17	带电作业用绝缘绳（绳索类工具）	工频耐压试验	1年	额定电压（kV）	试验长度（m）	工频电压（kV）		依据《带电作业工具、装置和设备预防性试验规程》（DL/T 976—2017）；参照《国家电网有限公司电力建设安全工作规程》（Q/GDW 11957—2020）
						1min	5min	
				10	0.4	45	—	
				20	0.5	70	—	
				35	0.6	95	—	
				66	0.7	175	—	
				110	1.0	220	—	

续表

序号	名称	项目	周期	要求				说明
17	带电作业用绝缘绳（绳索类工具）	工频耐压试验	1年	220	1.8	440	—	依据《带电作业工具、装置和设备预防性试验规程》（DL/T 976—2017）；参照《国家电网有限公司电力建设安全工作规程》（Q/GDW 11957—2020）
				330	2.8	—	380	
				500	3.7	—	580	
				750	4.7	—	780	
				1000	6.3	—	1150	
				±500	3.2	—	680*	
				±800	6.6	—	895*	
		静负荷试验	2年	名称		力值（kN）	试验时间（min）	依据《带电作业工具、装置和设备预防性试验规程》（DL/T 976—2017）
				人身绝缘保险绳		4.4	5	
				240mm^2及以下单导线绝缘保险绳		20	5	
				400mm^2及以下单双分裂导线绝缘保险绳		30	5	
				2×300mm^2及以下双分裂导线绝缘保险绳		60	5	
				2×630mm^2及以下双分裂导线绝缘保险绳		60	5	
				4×400mm^2及以下四分裂导线绝缘保险绳		60	5	
				4×720mm^2及以下四分裂导线绝缘保险绳		110	5	
18	绝缘软梯	工频耐压试验	1年	额定电压（kV）	试验长度（m）	工频电压（kV）		依据《带电作业工具、装置和设备预防性试验规程》（DL/T 976—2017）；参照《国家电网有限公司电力建设安全工作规程》（Q/GDW 11957—2020）
						1min	5min	
				10	0.4	45	—	
				20	0.5	70	—	
				35	0.6	95	—	
				66	0.7	175	—	
				110	1.0	220	—	
				220	1.8	440	—	
				330	2.8	—	380	
				500	3.7	—	580	
				750	4.7	—	780	
				1000	6.3	—	1150	
				±500	3.2	—	680*	
				±800	6.6	—	895*	

续表

<table>
<tr><th>序号</th><th>名称</th><th>项目</th><th>周期</th><th colspan="4">要求</th><th>说明</th></tr>
<tr><td rowspan="4">18</td><td rowspan="4">绝缘软梯</td><td rowspan="4">静负荷试验</td><td rowspan="4">2 年</td><td colspan="2">分类</td><td>力值（kN）</td><td>试验时间（min）</td><td rowspan="4">依据《带电作业工具、装置和设备预防性试验规程》（DL/T 976—2017）</td></tr>
<tr><td colspan="2">两边绳上下端绳索套扣</td><td>4.9</td><td>5</td></tr>
<tr><td colspan="2">两边绳上端绳索套扣至横登中心点</td><td>2.4</td><td>5</td></tr>
<tr><td colspan="2">软梯头</td><td>2.4</td><td>5</td></tr>
<tr><td rowspan="2">19</td><td rowspan="2">带电作业用绝缘滑车</td><td>工频耐压试验</td><td>1 年</td><td colspan="4">各种型号的绝缘滑车施加工频电压 25kV • 1min，绝缘钩型滑车施加工频电压 37kV • 1min</td><td>依据《带电作业工具、装置和设备预防性试验规程》（DL/T 976—2017）</td></tr>
<tr><td>静负荷试验</td><td>1 年</td><td colspan="4">施加压力 1.25 倍额定拉力，保持 5min</td><td>依据《国家电网有限公司电力建设安全工作规程》（Q/GDW 11957—2020）</td></tr>
<tr><td rowspan="14">20</td><td rowspan="14">带电作业用提线工具</td><td rowspan="13">工频耐压试验</td><td rowspan="13">1 年</td><td rowspan="2">额定电压（kV）</td><td rowspan="2">试验长度（m）</td><td colspan="2">工频电压（kV）</td><td rowspan="13">依据《带电作业用提线工具通用技术条件》（GB/T 15632—2008）；《国家电网有限公司电力建设安全工作规程》（Q/GDW 11957—2020）</td></tr>
<tr><td>1min</td><td>5min</td></tr>
<tr><td>10</td><td>—</td><td>45</td><td>—</td></tr>
<tr><td>20</td><td>—</td><td>70</td><td>—</td></tr>
<tr><td>35</td><td>—</td><td>95</td><td>—</td></tr>
<tr><td>110</td><td>—</td><td>220</td><td>—</td></tr>
<tr><td>220</td><td>—</td><td>440</td><td>—</td></tr>
<tr><td>330</td><td>—</td><td>—</td><td>380</td></tr>
<tr><td>500</td><td>—</td><td>—</td><td>580</td></tr>
<tr><td>750</td><td>—</td><td>—</td><td>780</td></tr>
<tr><td>1000</td><td>—</td><td>—</td><td>1150</td></tr>
<tr><td>±500</td><td>—</td><td>—</td><td>565*</td></tr>
<tr><td>±800</td><td>—</td><td>—</td><td>895*</td></tr>
<tr><td>静负荷试验</td><td>1 年</td><td colspan="4">施加压力 1.25 倍额定拉力，保持 10min</td><td>依据《国家电网有限公司电力建设安全工作规程》（Q/GDW 11957—2020）</td></tr>
</table>

续表

<table>
<tr><th>序号</th><th>名称</th><th>项目</th><th>周期</th><th>要求</th><th>说明</th></tr>
<tr><td>21</td><td>辅助型绝缘手套</td><td>工频耐压试验</td><td>半年</td><td><table>
<tr><td>额定电压（kV）</td><td>工频耐压（kV）</td><td>持续时间（min）</td><td>泄漏电流（mA）</td></tr>
<tr><td>低压</td><td>2.5</td><td>1</td><td>≤2.5</td></tr>
<tr><td>高压</td><td>8</td><td>1</td><td>≤9</td></tr>
</table></td><td>依据《国家电网有限公司电力建设安全工作规程》（Q/GDW 11957—2020）</td></tr>
<tr><td>22</td><td>辅助型绝缘靴（鞋）</td><td>工频耐压试验</td><td>半年</td><td><table>
<tr><td>分类</td><td>额定电压（kV）</td><td>工频耐压（kV）</td><td>持续时间（min）</td><td>泄漏电流（mA）</td></tr>
<tr><td>皮鞋</td><td>6</td><td>5</td><td>1</td><td>≤1.5</td></tr>
<tr><td rowspan="2">布面底胶鞋</td><td>5</td><td>3.5</td><td>1</td><td>≤1.1</td></tr>
<tr><td>15</td><td>12</td><td>1</td><td>≤3.6</td></tr>
<tr><td rowspan="6">绝缘靴</td><td>6</td><td>4.5</td><td>1</td><td>≤1.8</td></tr>
<tr><td>10</td><td>8</td><td>1</td><td>≤3.2</td></tr>
<tr><td>15</td><td>12</td><td>1</td><td>≤4.8</td></tr>
<tr><td>20</td><td>15</td><td>1</td><td>≤6.0</td></tr>
<tr><td>25</td><td>20</td><td>1</td><td>≤8.0</td></tr>
<tr><td>30</td><td>25</td><td>1</td><td>≤10.0</td></tr>
</table></td><td>依据《足部防护安全鞋》(GB 21148—2020）</td></tr>
<tr><td>23</td><td>辅助型绝缘胶垫</td><td>工频耐压试验</td><td>1年</td><td><table>
<tr><td>额定电压（kV）</td><td>工频耐压（kV）</td><td>持续时间（min）</td></tr>
<tr><td>低压</td><td>3.5</td><td>1</td></tr>
<tr><td>高压</td><td>15</td><td>1</td></tr>
</table></td><td>依据《国家电网有限公司电力建设安全工作规程》（Q/GDW 11957—2020）</td></tr>
</table>

* 表示直流耐压试验的加压值。

表 B3　　登高工器具试验项目、周期和要求

<table>
<tr><th>序号</th><th>名称</th><th>项目</th><th>周期</th><th>要求</th><th>说明</th></tr>
<tr><td>1</td><td>脚扣</td><td>静负荷试验</td><td>1年</td><td>施加1176N静拉力，持续时间5min</td><td rowspan="2">依据《国家电网有限公司电力建设安全工作规程》（Q/GDW 11957—2020）</td></tr>
<tr><td>2</td><td>升降板（登高板）</td><td>静负荷试验</td><td>半年</td><td>施加2205N静拉力，持续时间5min</td></tr>
</table>

续表

<table>
<tr><th>序号</th><th>名称</th><th>项目</th><th>周期</th><th colspan="4">要求</th><th>说明</th></tr>
<tr><td rowspan="13">3</td><td>梯子（竹、木）</td><td>静负荷试验</td><td>半年</td><td colspan="4">施加 1765N 静拉力，持续时间 5min</td><td></td></tr>
<tr><td rowspan="12">梯子（复合材料）</td><td>静负荷试验</td><td>1 年</td><td colspan="4">施加 1765N 静拉力，持续时间 5min</td><td rowspan="12">依据《变电站登高作业及防护器材技术要求》（DL/T 1209—2013）</td></tr>
<tr><td rowspan="11">工频耐压试验</td><td rowspan="11">1 年</td><td rowspan="2">额定电压（kV）</td><td rowspan="2">试验长度（m）</td><td colspan="2">工频电压（kV）</td></tr>
<tr><td>1min</td><td>3min</td></tr>
<tr><td>10</td><td>0.4</td><td>20</td><td>—</td></tr>
<tr><td>20</td><td>0.5</td><td>35</td><td>—</td></tr>
<tr><td>35</td><td>0.6</td><td>45</td><td>—</td></tr>
<tr><td>66</td><td>0.7</td><td>75</td><td>—</td></tr>
<tr><td>110</td><td>1.0</td><td>130</td><td>—</td></tr>
<tr><td>220</td><td>1.8</td><td>240</td><td>—</td></tr>
<tr><td>330</td><td>2.8</td><td>—</td><td>340</td></tr>
<tr><td>500</td><td>3.7</td><td>—</td><td>530</td></tr>
<tr><td>±500</td><td>3.2</td><td>—</td><td>520*</td></tr>
<tr><td>4</td><td>软梯</td><td>静负荷试验</td><td>半年</td><td colspan="4">施加 4900N 静拉力，持续时间 5min</td><td>依据《国家电网有限公司电力建设安全工作规程》(Q/GDW 11957—2020）</td></tr>
<tr><td rowspan="3">5</td><td rowspan="3">快装脚手架</td><td rowspan="3">静负荷试验</td><td rowspan="3">1 年</td><td colspan="2">类别</td><td>试验值（kg）</td><td>试验时间（min）</td><td rowspan="7">依据《变电站登高作业及防护器材技术要求》（DL/T 1209—2013）</td></tr>
<tr><td colspan="2">平台强度</td><td>1.0 倍额定载荷</td><td>5</td></tr>
<tr><td colspan="2">踏档强度</td><td>100</td><td>5</td></tr>
<tr><td rowspan="4">6</td><td rowspan="4">检修平台</td><td rowspan="4">静负荷试验</td><td rowspan="4">1 年</td><td colspan="2">分类</td><td>试验值（kg）</td><td>试验时间（min）</td></tr>
<tr><td colspan="2">平台强度试验</td><td>1.0 倍额定载荷</td><td>5</td></tr>
<tr><td colspan="2">悬挂装置强度试验</td><td>1.0 倍额定载荷</td><td>5</td></tr>
<tr><td colspan="2">踏档强度试验</td><td>100</td><td>5</td></tr>
</table>

* 表示直流耐压试验的加压值。

附录C　安全工器具参考配置

表C1　　　　　　　　　　班　　组

序号	工器具名称	变电检修班（20人）	线路检修班（20人）	试验班（10人）	通信班（10人）	供电所（10人）
1	辅助型绝缘手套（双）	4	4	4	2	2
2	辅助型绝缘靴（双）	4	4	4	2	2
3	绝缘操作杆（套）	4	4	4	—	2
4	辅助型绝缘垫（块）	4	4	4	—	4
5	验电器（支）	—	根据工作电压等级，每电压等级各2支	根据工作电压等级，每电压等级各2支	低压验电器每人1支	10kV4支、低压验电器每人1支
6	接地线（组）	—	根据工作电压等级，35kV以上每电压等级各8组，35kV 6组	试验专用接地线（含专用放电接地棒）2组	—	10kV8组，低压8组
7	工具柜（个）	4	4	2	2	2
8	安全带（付）	每人1付	每人1付	每人1付	—	每人1付
9	安全帽（顶）	每人1顶	每人1顶	每人1顶	每人1顶	每人1顶
10	梯子（架）	4	6	4	3	6
11	登高板或脚扣（付）	需要人员每人1付	需要人员每人1付	—	—	每人1付
12	速差自控器（只）	4	8	4	2	8
13	个人保安线（付）	—	每人1付	—	—	每人1付
14	安全警示带（围栏绳）（根）	—	10	4	4	10
15	标示牌（禁止合闸，有人工作！）（块）	10	10	10	5	10
16	标示牌（禁止合闸，线路有人工作！）（块）	10	10	10	5	10

续表

序号	工器具名称	变电检修班（20人）	线路检修班（20人）	试验班（10人）	通信班（10人）	供电所（10人）
17	标示牌（止步，高压危险!）（块）	10	10	10	5	10
18	标示牌（在此工作!）（块）	10	10	10	5	10
19	护目镜（付）	每人1付	每人1付	每人1付	—	每人1付
20	防毒面具（套）	4	4	4	—	4
21	红布幔	6（2.4×0.8m）	—	2（2.4×0.8m）	2（2.4×0.8m）	—

注 1. 以上配置可根据班组人数和实际生产任务量适当调整。

2. 各班组可依据管辖设备电压等级对验电器和接地线配置数量进行调整。

3. 其他类型班组可根据实际需要参考配置。

表 C2　　变　电　站

序号	工具名称（单位）	500kV 变电站			220kV 变电站			110kV 变电站			35kV 变电站	
		500kV	220kV	35kV	220kV	110kV	35kV	110kV	35kV	10kV	35kV	10kV
1	安全工器具柜（个）	8			4			3			2	
2	辅助型绝缘手套（双）	4			3			2			2	
3	辅助型绝缘靴（双）	4			3			2			2	
4	绝缘操作杆（套）	2（通用，按220kV电压等级配置）			2（通用，按220kV电压等级配置）			2（通用，按110kV电压等级配置）			2（通用，按35kV电压等级配置）	
5	验电器（只）	2	2	2	2	2	2	2	2	2	2	2
6	接地线（组）	2	6	9	6	6	9	6	9	9	6	9
7	安全帽（顶）	运维班所在地20顶 非所在地8顶			运维班所在地20顶 非所在地4顶			运维班所在地20顶 非所在地4顶			4顶	
8	梯子（架）	采用多功能梯：1架；采用普通梯：人字、单梯各1架			采用多功能梯：1架；采用普通梯：人字、单梯各1架			采用多功能梯：1架；采用普通梯：人字、单梯各1架			采用多功能梯：1架；采用普通梯：人字、单梯各1架	
9	防毒面具（套）	2			2			2			2	
10	正压式空气呼吸器（个）	2			2			1			1	

续表

序号	工具名称（单位）	500kV变电站			220kV变电站			110kV变电站			35kV变电站	
		500kV	220kV	35kV	220kV	110kV	35kV	110kV	35kV	10kV	35kV	10kV
11	SF_6气体检漏仪（套）	1（GIS站和室内有SF_6开关站）			1（GIS站和室内有SF_6开关站）			1（GIS站和室内有SF_6开关站）			1（GIS站和室内有SF_6开关站）	
12	标示牌（禁止合闸，有人工作！）（块）	30			20			15			10	
13	标示牌（禁止分闸！）（块）	30			20			15			10	
14	标示牌（禁止攀登，高压危险！）（块）	30			20			15			10	
15	标示牌（止步，高压危险！）（块）	40			30			25			20	
16	标示牌（在此工作！）（块）	30			20			15			10	
17	标示牌（禁止合闸，线路有人工作！）（块）	30			20			15			10	
18	标示牌（从此进出！）（块）	30			20			15			10	
19	红布幔（块）	30			20			15			10	
20	安全带（付）	2			2			2			2	
21	安全围栏（米）	210			150			90			60	

注 1．各级单位可根据现场实际需要调整配置数量。

2．无对应电压等级，参照相应高一级电压等级配置。

3．特高压及直流换流站按实际需要配置。

附录 D　到岗到位标准

表 D1　　电网运行风险预警管控到岗到位标准

项目	序号	到岗到位范围	到岗到位人员
电网运行风险预警管控	1	四级及以上电网运行风险预警管控	省公司级单位领导，管理人员； 地市公司级单位领导，管理人员； 县公司级单位领导，管理人员
	2	五级电网运行风险预警管控	省公司级单位管理人员； 地市公司级单位领导，管理人员； 县公司级单位领导，管理人员
	3	六级电网运行风险预警管控	地市公司级单位领导，管理人员； 县公司级单位领导，管理人员

注　管理人员是指该项电网运行风险预警涉及的各级调控、运检、建设、营销、信通、安监等职能部门管理人员。

表 D2　　生产作业现场到岗到位标准

项目	序号	工作任务	到岗到位人员
启动投运	1	500kV 及以上新建变电站投运	省公司级单位领导，运检、安监、调控部门管理人员； 地市公司级单位领导，运检、安监部门管理人员
	2	220（330）kV 新建变电站投运	地市公司级单位领导，运检、安监部门管理人员； 县公司级单位领导，管理人员； 二级机构管理人员
	3	110（66）kV 新建变电站投运，220kV 及以上线路投运	地市公司级单位运检、安监部门管理人员； 县公司级单位领导，管理人员； 二级机构管理人员
	4	35kV 新建变电站投运，110（66）kV 及以下线路投运	县公司级单位领导，管理人员； 二级机构管理人员
变电运行操作	1	500kV 及以上变电站全停或某一电压等级全停的停送电操作	省公司级单位运检、安监部门管理人员； 地市公司级单位领导，管理人员
	2	220（330）kV 变电站全停或某一电压等级全停的停送电操作	地市公司级单位运检、安监部门管理人员； 县公司级单位领导，管理人员； 二级机构管理人员
	3	220kV 及以上主变压器或母线的停送电操作	县公司级单位领导，管理人员； 二级机构管理人员

续表

项目	序号	工作任务	到岗到位人员
变电检修作业	1	220kV及以上单条线路停送电操作，110（66）kV及以下主变压器或母线停送电操作	二级机构管理人员
	2	500kV及以上变电站全站集中检修	省公司级单位领导，运检、安监部门管理人员； 地市公司级单位领导，管理人员
	3	220（330）kV变电站全站集中检修	地市公司级单位领导，运检、安监部门管理人员； 县公司级单位领导，管理人员； 二级机构管理人员
	4	220kV及以上主变压器（含电抗器）技术改造，500kV及以上间隔改（扩）建	地市公司级单位领导，运检、安监部门管理人员； 县公司级单位领导，管理人员； 二级机构管理人员
	5	110（66）kV主变压器（含电抗器）、技术改造，220（330）kV间隔改（扩）建	地市公司级单位运检、安监部门管理人员； 县公司级单位领导，管理人员； 二级机构管理人员
	6	220kV及以上比较复杂、难度较大的带电作业	地市公司级单位运检，安监部门管理人员； 县公司级单位领导，管理人员； 二级机构管理人员
	7	500 kV及以上变电站保护及自动化装置、直流电源更换	地市公司级单位领导，运检、安监部门管理人员
	8	220（330）kV变电站保护及自动化装置、直流电源更换	地市公司级单位管理人员； 县公司级单位领导，管理人员； 二级机构管理人员
	9	110（66）kV以下变电站检修（施工）作业	二级机构管理人员
输电检修作业	1	220kV及以上跨越铁路、高速公路等作业	省公司级单位运检、安监部门管理人员； 地市公司级单位领导，管理人员； 县公司级单位领导，管理人员
	2	220kV及以上跨越带电线路或邻近带电线路组立（拆除）铁塔、架设（拆除）导地线、架空光缆等作业	地市公司级单位运检、安监部门管理人员； 县公司级单位领导，管理人员； 二级机构管理人员
	3	220kV及以上输电线路全线检修、技术改造	地市公司级单位领导，运检、安监部门管理人员； 县公司级单位领导，管理人员
	4	110（66）kV输电线路全线检修、技术改造	县公司级单位领导，管理人员； 二级机构管理人员
	5	110（66）kV及以上线路带电作业（除检零、红外测温、测盐密项目外）	县公司级单位管理人员； 二级机构管理人员

续表

项目	序号	工作任务	到岗到位人员
输电检修作业	6	110（66）kV 跨越铁路、高速公路、带电线路或邻近带电线路组立（拆除）铁塔、架设（拆除）导地线、架空光缆等作业	县公司级单位管理人员； 二级机构管理人员
	7	35kV 输电线路（施工）作业	二级机构管理人员
配电检修作业	1	10（20）kV 跨越铁路、高速公路、交通要道、电力线路或邻近带电线路组立（拆除）杆塔、架设（拆除）导地线、光缆等作业	县公司级单位领导，管理人员； 二级机构管理人员
	2	10（20）kV 带电立（撤）杆、高压电缆旁路等带电作业	县公司级单位领导，管理人员； 二级机构管理人员
	3	10（20）kV 带电断接引线、带电短接设备，10（20）kV 新装（更换）跌落式开关、隔离开关、绝缘子等常规带电作业	二级机构管理人员
	4	新装（更换）箱式变电站、开关站、环网单元、电缆分支箱等设备作业	县公司级单位管理人员； 二级机构管理人员
	5	10（20）kV 及以上配电线路电杆组立（拆除）、导线架设、电缆敷设作业	县公司级单位管理人员； 二级机构管理人员
	6	新装（更换）变压器、柱上断路器（开关）等设备作业	二级机构管理人员
	7	0.4kV 及以上配电线路和设备检修作业	二级机构管理人员
其他作业	1	220kV 及以上电网“新技术、新工艺、新设备、新材料”应用的首次作业	省公司级单位运检、安监部门管理人员； 地市公司级单位领导，运检、安监部门管理人员； 县公司级单位领导，管理人员； 二级机构管理人员
	2	110（66）kV 及以下电网“新技术、新工艺、新设备、新材料”应用的首次作业	地市公司级单位运检、安监部门管理人员； 县公司级单位领导，管理人员； 二级机构管理人员

注　二级机构管理人员是指地市级、县级单位所属的室、所、队、工区等单位管理人员。

参 考 文 献

[1] 国家电网公司人力资源部．输电线路运行（上、下）．北京：中国电力出版社，2010.

[2] 国家电网有限公司运维检修部．架空输电线路检修管理规定．北京：中国电力出版社，2018.

[3] 国家电网公司．电网安全管理与安全风险管理．北京：中国电力出版社，2009.

[4] 中国安全生产协会注册安全工程师工作委员会，中国安全生产科学研究院．安全生产知识管理．北京：中国大百科全书出版社，2011.